美国经典技能系列丛书

图解钳工

Precision Machining Technology

［美］皮特·霍夫曼（Peter Hoffman）

［美］埃里克·霍普韦尔（Eric Hopewell） 著

［美］布瑞恩·简斯（Brian Janes）

张洋　周立波　译

快速入门

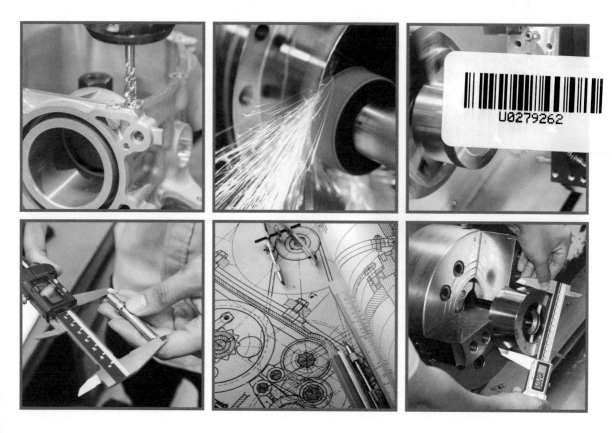

机械工业出版社

CHINA MACHINE PRESS

本书采用通俗易懂的语言，介绍了钳工所需掌握的基本知识和技能。本书主要内容包括划线，手动工具，锯床，手持工件磨削，钻孔、攻螺纹、套螺纹和铰孔，钻床。

本书可供广大钳工使用，也可供职业院校和技工学校相关专业师生参考。

Precision Machining Technology,2e

Peter Hoffman,Eric Hopewell,Brian Janes

Copyright © 2015 Cengage Learning.

Original edition published by Cengage Learning. All Rights reserved. 本书原版由圣智学习出版公司出版。版权所有，盗印必究。

China Machine Press is authorized by Cengage Learning to publish and distribute exclusively this simplified Chinese edition. This edition is authorized for sale in the People′s Republic of China only (excluding Hong Kong, Macao SAR and Taiwan).

Unauthorized export of this edition is a violation of the Copyright Act. No part of this publication may be reproduced or distributed by any means, or stored in a database or retrieval system, without the prior written permission of the publisher.

本书中文简体字翻译版由圣智学习出版公司授权机械工业出版社独家出版发行。

此版本仅限在中华人民共和国境内（不包括香港、澳门特别行政区及台湾）销售。未经授权的本书出口将被视为违反版权法的行为。未经出版者预先书面许可，不得以任何方式复制或发行本书的任何部分。

ISBN 978-7-111-60988-9

Cengage Learning Asia Pte. Ltd.

151 Lorong Chuan, #02-08 New Tech Park, Singapore 556741

本书封面贴有Cengage Learning防伪标签，无标签者不得销售。

北京市版权局著作权合同登记　图字：01-2015-8424号。

图书在版编目（CIP）数据

图解钳工快速入门/（美）皮特·霍夫曼（Peter Hoffman），（美）埃里克·霍普韦尔（Eric Hopewell），（美）布瑞恩·简斯（Brian Janes）著；周立波，张洋译．—北京：机械工业出版社，2018.10

（美国经典技能系列丛书）

书名原文：Precision Machining Technology,2e

ISBN 978-7-111-60988-9

Ⅰ.①图…　Ⅱ.①皮…②埃…③布…④周…⑤张…　Ⅲ.①钳工－图解　Ⅳ.①TG9-64

中国版本图书馆CIP数据核字（2018）第219793号

机械工业出版社（北京市百万庄大街22号　邮政编码100037）
策划编辑：赵磊磊　　责任编辑：赵磊磊
责任校对：刘　岚　　封面设计：张　静
责任印制：张　博
北京东方宝隆印刷有限公司印刷
2019年3月第1版第1次印刷
184mm×260mm · 7.25印张 · 185千字
0 001—3 000册
标准书号：ISBN 978-7-111-60988-9
定价：59.80元

凡购本书，如有缺页、倒页、脱页，由本社发行部调换
电话服务　　　　　　　　　网络服务
服务咨询热线：010-88361066　机工官网：www.cmpbook.com
读者购书热线：010-68326294　机工官博：weibo.com/cmp1952
　　　　　　　　　　　　　　金书网：www.golden-book.com
封面无防伪标均为盗版　　　　教育服务网：www.cmpedu.com

出版说明

　　为了吸收发达国家职业技能培训在教学内容和方式上的成功经验，我们于 2007 年引进翻译了"日本经典技能系列丛书"。该套丛书通俗易懂，通过大量照片、线条图介绍了日本的技术工人培训时需要掌握的基本方法和技巧，出版之后深受广大读者的喜爱。为了更好地满足读者学习国外机械加工经验和技能的需求，我们从美国引进了圣智学习出版公司出版的"美国经典技能系列丛书"。为了使内容更有针对性，我们将其改造为四本书，分别是《机械加工常识》《图解钳工快速入门》《图解车工 / 数控车工快速入门》和《图解铣工 / 数控铣工快速入门》。本套丛书是美国技术工人培训和学生入门学习的经典用书，并且已经再版。本套丛书主要用于帮助读者对初级和中级机械加工技术进行深入了解，从而引导读者在快速发展变化的工业环境中获得职业上的成功。本套丛书的主要特色如下：

- 阐述精密机械加工领域真正需要学习和掌握的知识。
- 培养学生进入人才市场后所需的人际交往能力。
- 涵盖本领域最新的职业信息和职业发展趋势。
- 培养工厂实践能力。
- 包含了详细的说明和例子，用图表的方式一步一步地向读者展示相关工具、设备等的使用方法。
- 用深入浅出的方式、通俗易懂的语言，深入地介绍需要掌握的基本技能。
- 包含最新的数控方面的内容。

　　为了更好地向读者呈现原版图书中的内容，我们邀请了国内企业的技术专家和职业院校的教师共同组成翻译团队，在翻译的过程中力求保持原版图书的精华和风格。翻译图书的版式基本与原版图书保持一致，并将涉及美国技术标准的部分，有些按照我国的标准要求进行了适当改造，或者按照我国现行标准、术语进行了注释，以方便读者阅读、使用。原版图书采用英制单位，为了保持原版图书的特色，同时便于读者更好地理解原版图书中的内容，翻译后的图书仍然采用英制单位。

　　在本套丛书的引进和出版过程中，得到了贾恒旦和杨茂发的大力支持和帮助，在此深表感谢。

序

自进入 21 世纪以来，精密机械加工技术已经日趋成熟，本套丛书的主要目的是通过对精密加工技术的深入阐述，使读者对基础和中级机械加工技术进行深入了解，从而引导读者在快速发展变化的工业环境中获得职业上的成功。

本套丛书写给从事于精密机械加工及相关行业，并渴望获得美国金属加工技术协会（NIMS）认证证书的相关专业的学生和技术工人。书中内容由浅入深，可供机械专业知识零基础的各类人群学习参考。

本套丛书受到了美国金属加工技术协会的赞助和大力支持，覆盖了美国金属加工技术协会认证考试（Ⅰ级加工技术水平）中所需的一切内容，紧密贴合职业技能标准。

本套丛书在编写之初，召集了大量从事 NIMS 鉴定考核的教师参与初期目录的制订，并从中完成了作者团队的招募。在编写过程中，约请了 12 名以上的教师对书稿进行了审核，同时将有用的审核结果反馈给作者，这种方式对于提高本书的质量具有非常重要的作用。

为了提高使用效果，作者在以下前提下展开全书：

1. 假定读者没有任何机械加工相关知识和基础，以一种易读的写作风格，帮助读者掌握精密机械加工中级水平所需知识。

2. 通过大量的图片进行解释和说明，从而让读者对所学知识和技术有一个直观的认识。

3. 假定读者已经学会了基础物理、基础代数，并熟练掌握分数、小数的计算方法以及计算次序的知识。

为照顾部分没有机械加工相关知识的读者，本书的编写特别关注了各章节内容之间的逻辑性。作者通过各种措施保证了每一个术语在第一次出现时都被详细地进行了解释和说明，每一个专题都能够得到更深入的挖掘和阐述，同时当前期知识出现在后续章节的其他新应用中时，读者对前期知识的理解也会随之加深。

本套丛书由 Peter Hoffman、Eric Hopewell 和 Brian Janes 编写。作者简介如下：

Peter Hoffman（皮特·霍夫曼），于宾夕法尼亚技术学院获得副学士学位，通过了多项Ⅰ级和Ⅱ级 NIMS 认证，并且在大专级别的精密加工技术比赛中，获得了 2001 年美国国家技术金牌，2000 年美国国家技术银牌。他拥有并经营着一家小型机械加工工厂。

Eric Hopewell（埃里克·霍普韦尔），拥有 25 年的机械加工和教育领域的综合经验，于宾夕法尼亚技术学院获得副学士学位，于奥尔布赖特学院获得企业管理学士学位，于天普大学获得硕士学位，并获得宾夕法尼亚州职业教育永久资格证书。他也通过了多项 NIMS 机械加工认证。

Brian Janes（布瑞恩·简斯），他的机械加工职业生涯已经超过了 20 年。他具有在印第安纳州和肯塔基州的多个注塑模具公司进行机械加工工作的经验。他获得了工程技术专业硕士学位以及肯塔基技术教育项目年度奖励。

目　　录

划　线

第1章

1.1　简介

划线是指对工件进行标记定位并为机械加工提供视觉参考的过程。划线能帮助机械加工人员了解工件加工的起始位置，此外，在加工多个工件时，通过划线设计可以从一块毛坯上获取最多数量的工件。划线为机械加工提供参考，如图 1-1 所示。

1.2　划线液（划线涂料）

许多材料的成品表面粗糙、坚硬并发亮，很难划线。要解决这个问题，可以在工件表面涂一层划线液（也称为划线涂料）。

使用划线液的目的是在工件表面形成对照，使划线更加清晰。划线液通常是深蓝色或者红色，视觉效果更加清晰。划线件的表面要干净无毛刺。划线液常置于喷雾器、毛刷瓶或者带海绵刷头的容器中。

图 1-2 所示为划线液，涂上后会迅速变干，因此只需等待几分钟即可进行划线。

注　意

划线液含有一些危险化学物质，请务必阅读厂商提供的化学品安全技术说明书，掌握安全保护措施，包括良好的通风环境，佩戴护目镜，避开明火及火源。使用完毕后立即盖好容器的盖子，避免液体迸溅或蒸发。

划线液去除剂

有时需要除去工件上的划线液，如在完成作业以后，或者划线出错需要重新划线时。

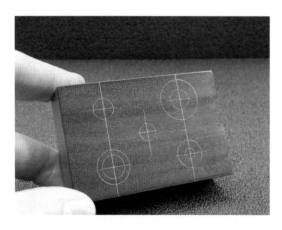

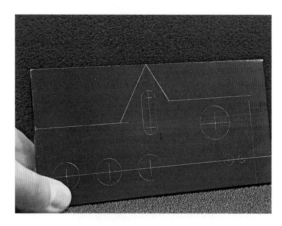

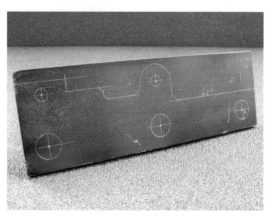

图 1-1　划线为机械加工提供参考

图 1-2　划线液 a）划线液可置于喷雾器、毛刷瓶或者带海绵刷头的容器中 b）一块钢板上涂划线液前后的对比图

划线液去除剂就是专门用于此目的，可以放在气雾喷雾罐中使用，或者作为液体直接使用。将它涂于工件表面，然后快速擦拭，即可去除划线液。

注　意

在使用去除剂时，务必参阅相关的安全措施。请随身携带一本化学品安全技术说明书以备紧急情况下使用，如吸入气体、吞咽或发生眼部接触时。

○　1in=0.0254m。

1.3　半精密划线

半精密划线用于精度要求较低的简单划线。例如：一块加工精度为 1/64in[○]的材料，应当先划线，再锯成若干工件，放到铣床上铣削表面；孔位精度为 1/64in，也应当先划线，再使用钻床钻孔。在进行半精密划线时通常会使用到几种不同的工具。

1.3.1　划针

划直线时最常用到的就是划针。在它的一端或者两端具有锋利、精准的针尖，由高速工具钢或硬质合金制成。双头划针的其中一个针尖可以弯曲成直角，用来处理难以标记到的位置。为保证针尖的锋利，需要在砂轮机上打磨。不锋利的针尖划出的线不清晰。划线时要一气呵成，反复修改会使划出的线变粗且不够精准，也会使划针变钝。划针要倾斜一点，这样针尖就能接触到测量工具导向面的边缘，划出一条平滑、精准的线。使用划针时要向内拉，而不要向外推。向外推会使划针弹起，从而使划出的线不规则。图 1-3 所示为目前常用的划针。

注　意

请小心使用划针，避免刮伤自己。不可将划针放在衣服口袋中，并且使用时要佩戴护目镜。

图 1-3　目前常用的划针，请注意将划针倾斜，使针尖接触到导向面的边缘

1.3.2　使用组合角度尺划线

组合角度尺广泛用于半精密划线。不同的尺身可用来划垂直线和有角度的线，以及找出圆形毛坯的圆心。

1. 使用直角尺划线

组合角度尺的直角尺座和直尺构成的部分称为直角尺，用于半精密划线，可用来划直线或与工件边缘或其他线条相垂直的线或直角。使直角尺座与工件边缘对齐，利用直尺来指引划针进行划线。图 1-4 所示为使用直角尺划垂直线。

图 1-4　使用直角尺划垂直线

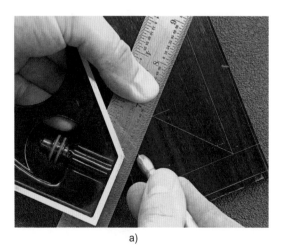
a)

2. 使用量角尺划角度线

划线时也可使用量角尺划角度线。例如：可使用直角尺的 45° 斜边划 45° 角。将直角尺的 45° 斜边对准工件边缘，用直尺指引划针划线。可调节量角尺，划出 180° 以内的任意角。将量角尺的尺座对准基准线或工件边缘，利用直尺指引划针划出所需要的角。直角尺和量角尺上装有水平仪，可在机床设置时使用。图 1-4 和 1-5 所示为使用直角尺和量角尺进行角度划线。

1.3.3 中心定位尺

中心定位尺用来找圆形工件的圆心。将中心定位尺安装在直尺上，夹紧工件的边缘，直尺会穿过圆形工件的圆心，划两条交叉线，这样就可以确定圆心，如图 1-6 所示。

1.3.4 划规

划规用来划圆和弧线。划规的两脚带有划针，可调节大小。使用划规最简单的方式是将划规的一脚置于直尺的 1in 刻度上，调节划规大小获得所需半径。然后将划规一脚置于中心点，用另一脚划出圆或弧线。划规有多种尺寸，最大为 2ft ⊖。图 1-7 所示为用划规划圆或弧线。

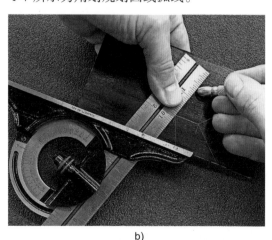
b)

图 1-5　a）用组合角度尺的直角尺和量角尺划角度线 b）将尺座贴紧基准面，用直尺指引划针划线

⊖　1ft=0.3048m。

图 1-6 使用组合角度尺的中心定位尺找出圆形工件的圆心

　　划规也可用来等分直线或角度。可调节划规获得所需增量，等分对象。将划规一脚置于初始点，使划规沿直线"行走"便可将直线等分。图 1-8 所示为使用划规将直线进行等分。

注 意

　　请小心使用划规，详情可参考使用划针的注意事项。

1.3.5　划线地规

　　划规不能划出的大圆可用划线地规来划。划线地规有两个可滑动的划针，安装在一根长杆上，也称为测量杆。划线地规的使用方法与划规相同。图 1-9 所示为使用划线地规划一个大圆。

注 意

　　请小心使用量规，详情可参考使用划规或划针的注意事项。

1.3.6　圆锥冲和中心冲

　　圆锥冲用来标记定位圆或弧线中心的直线交叉点。在中心点有一个小凹痕，可固定划规或椭圆量规的一脚，以便更容易

图 1-7　用划规划圆或弧线

图 1-9　使用划线地规划一个大圆

方向倾斜，再次轻击一下冲头，使之移动。冲头标记要小，如果标记太大，划规就可在标记中移动，划出的圆或弧线就不准确。划线后，可用中心冲扩大针孔冲的标记，为钻孔操作做准备。中心冲有一个 90° 的夹角。在使用圆锥冲或中心冲时，检查定位前只需轻击一次。再次轻击之前要将冲头向凹痕方向倾斜。多次敲击会使冲头弹起，从而导致多个凹痕。图 1-10 所示为圆锥冲和中心冲。

图 1-8　使划规沿直线"行走"获得相等的距离

划出所需的圆或弧线。

圆锥冲有一个 60° 的夹角，便于查看需要标记的交叉点。使用圆锥冲时，将尖端置于中心线的交叉点，垂直于工件表面，用圆头锤轻击一下冲头，查看凹痕位置是否准确。如位置偏离，将冲头向准确位置

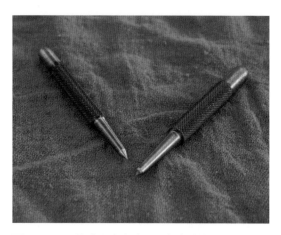

图 1-10　圆锥冲和中心冲，注意尖端的不同夹角

注　意

用圆头锤敲击圆锥冲时必须佩戴护目镜。

1.3.7　卡钳

　　卡钳用于划与工件边缘相平行的线。卡钳的一个钳脚形似划针，另一个钳脚形似外卡钳。使用时，将弯曲的钳脚置于直尺底端，调节另一个钳脚获得相应尺寸。划线时，将弯曲的钳脚贴紧工件边缘，另一个钳脚划线。注意卡钳脚要贴紧工件边缘不要离开。图 1-11 所示为卡钳的设置。图 1-12 所示为用卡钳划线。小心使用卡钳，划线时不要使开口变大。

图 1-11　用直尺设置卡钳

注　意

　　注意钳脚的针尖锋利，使用时可参考划规或划针的注意事项。

1.3.8　角度尺

　　角度尺是半精密划线时用来划角的另一种工具。角度尺的尺座标有 0°~180° 的刻度，类似组合角度尺的角度计。角度尺的优点是更小更平，可以在组合角度尺不能完成的平面上划线。图 1-13 所示为角度尺的使用方法。

1.3.9　划线平台

　　划线平台可以为划线和测量任务提供基准面。待划线的工件直接放在平台上，也可放在工件夹具上。

1.3.10　划针盘

　　划针盘由底座、划针、可调节的立柱以及夹紧螺母、微调螺钉组成。图 1-14 所示为使用划针盘划线的几种方式。划针盘可放在平板上，在一定高度上划出水平线。图 1-15 所示为使用组合角度尺的直角尺为划针盘划针设定尺寸。用直尺和尺柄设置划线高度完成任务。图 1-16 所示为用这些工具调节划针。调节完成后，拉动划针盘，就会在所需位置划出一条细线（见图 1-17）。

图 1-12　用卡钳划一条平行于工件边缘的线，注意起导向作用的钳脚沿边缘运行时要保持统一高度，并且要向内拉动，这样划出的线才会平直

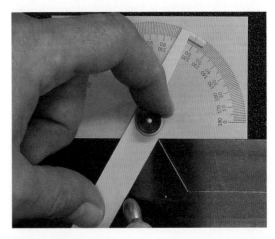

图 1-13　用角度尺划角，尺座要对准基准边，直尺指引划针划线

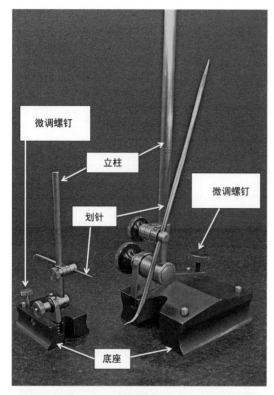

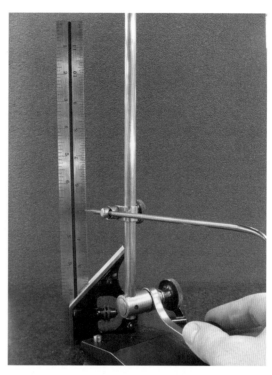

图 1-15 用组合角度尺的直角尺设置划针盘划针的高度，尽量使划针平行于平板，使立柱垂直

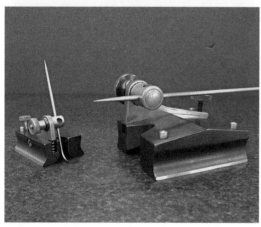

图 1-14 划针盘十分灵活，可随意调节角度，离平板很近时，可用夹紧螺母将划针安装在立柱上，或直接安装在底座上，夹紧立柱或划针后，可用微调螺钉进行微调

注 意

划针盘划针锋利，使用时必须佩戴护目镜。使用完毕将划针收回原处，避免划伤。

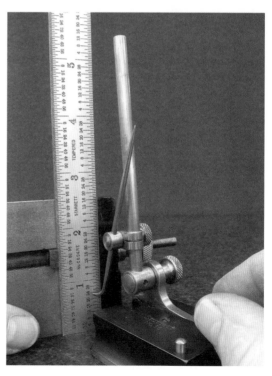

图 1-16 用直尺和尺柄设置划针盘高度，注意使弯头划针平行于平板

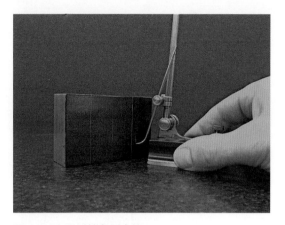

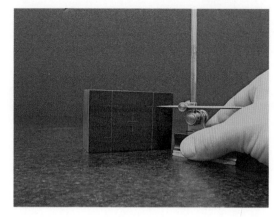

图 1-17 用划针盘划直线

1.3.11 夹紧辅助工具

划线时，一些薄的或圆形工件很难在平板上保持稳定，这时，就需要一种方法来夹紧这类工件。

1.3.12 方箱

方箱用于布局时使工件保持垂直稳定。方箱的各个面均成 90° 角。可用角板夹紧工件或工件靠在方箱后再放置在平台上布局（见图 1-18）。

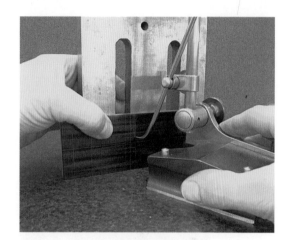

图 1-18 使用方箱划平行于平台的线

注 意

大型方箱很重，移动时应采用合适的起重方法和起重工具加以辅助。

1.3.13 平行垫铁

平行垫铁的表面互相平行，且公差很小，可放在划线平台上，用来支承工件。平行垫铁有多种形状和规格。有的平行垫铁是实心的，有的带有孔洞，可用于夹持工件。平行垫铁的制作材料与划线平板相似，可由钢或花岗岩制成。垫块也有平行表面和直角边，因此当作平行垫铁或角板使用。垫块尺寸分为两种，即 1in × 2in × 3in 和 2in × 4in × 6in，因此可分别叫作 1-2-3 垫块和 2-4-6 垫块。图 1-19

图 1-19 不同形状的平行垫铁和垫块，可在划线时稳固工件

所示为一些平行垫铁和不同规格的垫块。

1.3.14　V形块

V形块是一个正方形或矩形的槽块，有一个或多个位于中心的90°V形凹槽。V形块在划线时可用来夹稳圆形工件，再用U形夹使其稳固。V形块也可用来放置正方形或矩形工件，使其成45°角。图1-20所示为目前常用的V形块。

图1-20　划线时V形块的几种使用方法

1.4　精密划线

除对工件锯削和钻削之外，还需要精密划线以获得尺寸精准的工件。精密划线时会使用到多种精密工具。

1.4.1　高度规

在精密划线中，高度规用于平台测量、划水平线，与划针盘的功用相同。然而，高度规的划针可以直接设置，不需要其他测量工具的辅助。高度规分为游标高度规、量表高度规和液晶高度规。将划针调至所需高度，仔细地沿工件拉动高度规，划出一条线。确保底座的稳定，避免倾斜压到平板（见图1-21）。

图1-21　使用游标高度规划线

1.4.2　精密角度划线

在精密角度划线中，会用到一些比划线角度尺和组合角度尺的角度计更加精确的工具，用来划有角度的线。

1.4.3　游标万能角度尺

游标万能角度尺用于划精度为$5'\left(\dfrac{1}{12}^{\circ}\right)$的角。将底座置于基准面上，用直尺指引划针（见图1-22）。

1.4.4　正弦规

精密测量章节中提到的正弦规也可用于精密角度划线，使用方法与测量时的使用方法一样。

图 1-22 用游标万能角度尺进行精密角度划线

将钢圆柱体置于长方体下，抬高工件到所需角度，用高度规划线。图 1-23 所示为使用正弦规做角度。

图 1-23 用正弦规将工件调至所需角度，用高度规划线

1.5 基本划线方法及数学应用

划线时经常会用到一些基本数学概念和关系，包括图样中没有标明的尺寸和定位。下面是一些例子。

完成圆划线以后，以半径 R 为长度，可将该圆分为 6 个部分。以圆周上的任意一点为起点，以半径 R 为长度，用圆规沿圆周切分，再将 6 个点用直线连接起来，即构成六角形 (见图 1-28)。

例 1：假设要根据图 1-24 中的草图进行划线。X、Y、R（半径尺寸）的数值已给出。参照图 1-25，根据以下步骤划出与水平线、垂直线相切的半径为 R 的 90° 弧。

1）在基准边上划出 X、Y 的长度。

2）根据公式 $X-R$ 计算出左基准边到中心点的水平距离，划一条线。

3）根据公式 $Y-R$ 计算出下基准边到中心点的垂直距离，划一条线。

4）两条线的交叉点即圆心，从圆心绘制弧。

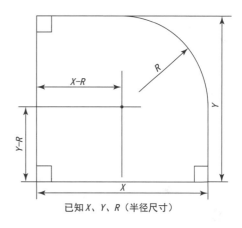

已知 X、Y、R（半径尺寸）

图 1-24 典型的划线结构

例 2：参照图 1-26，根据以下步骤划出与两条直线或边缘相切的 180° 弧。

1）根据公式 $Y-R$ 找到圆心到底边的垂直距离，划一条平行于底边的直线。

2）根据公式 $X\div2$ 或 $X/2$ 找到 X 的中心，在基准边上划一条线。

3）上述步骤中两条线的交叉点即是弧的圆心，从圆心绘制半径为 R 的弧。

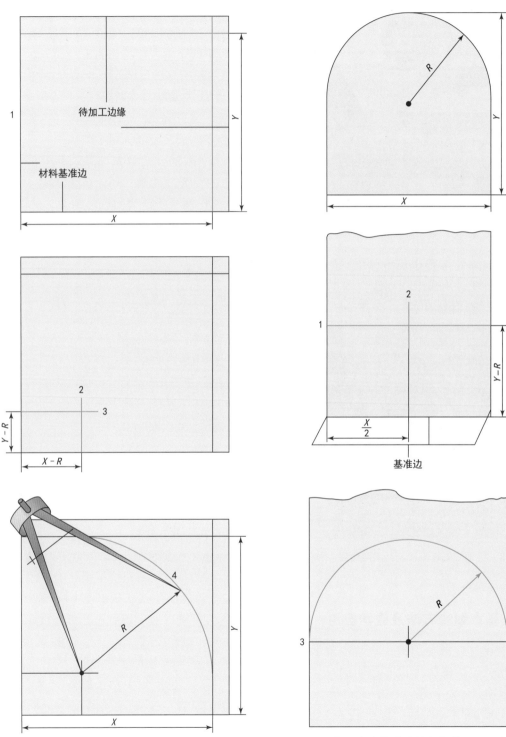

图 1-25　与两条直线相切的 90° 弧的划线步骤

图 1-26　与两条直线或边缘相切的 180° 弧的划线步骤

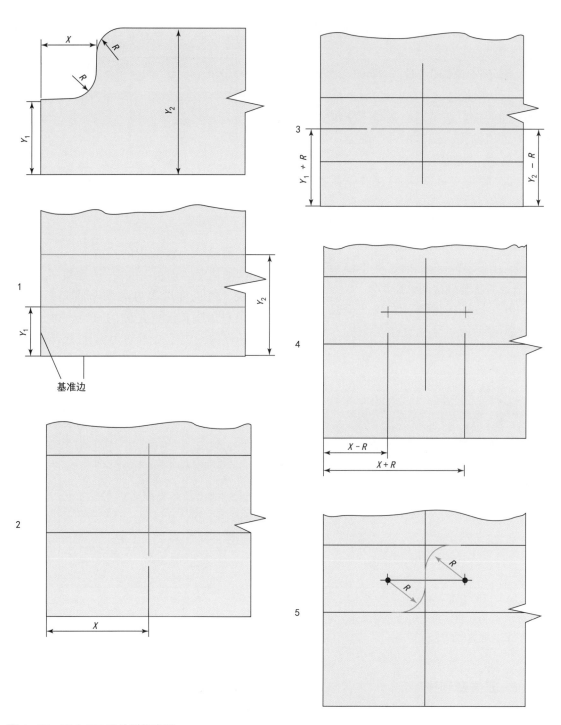

图 1- 27　两个 90° 弧的划线步骤

例 3：参照图 1-27，根据以下步骤划两个已知高度的 90° 弧。

1）划上边缘到下基准边的两条高度线 Y_1 和 Y_2。

2）划左基准边到右边缘的宽度 X。

3）根据公式 Y_1+R 或 Y_2-R 可计算出相同的距离值，划一条与下基准边距离为该值的线，即得出两个弧圆心与下基准边之间的距离。

4）根据公式 $X-R$ 的计算结果，划一条与左基准边距离为该值的线，即得出第一个弧圆心与左基准边间的距离。根据公式 $X+R$ 的计算结果，划一条与左基准边距离为该值的线，即得出第二个弧圆心与左基准边间的距离。

5）步骤 4）所产生的两个交叉点之间的距离即为半径 R 值。

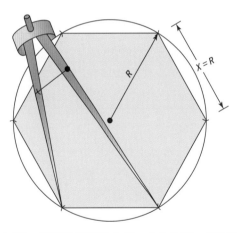

图 1-28　用圆规可在圆内划一个六边形，划完圆后，以半径为长度，用圆规沿圆周切分，用直线连接 6 个点，即划出六边形

1.5.1　正方形划线

机械加工人员有时需要在正方形工件上划圆，或在圆工件上划正方形。这时，机械加工人员就要计算出所需形状的最小尺寸。可从正方形工件上直接划出圆，因为工件边长一定等于或大于圆的直径。例

如：一个 3/4in 的正方形内一定包含一个直径为 3/4in 的圆，如图 1-29 所示。然而，从一个圆形工件（如圆形毛坯或圆盘）上布局正方形，计算起来就比较麻烦。

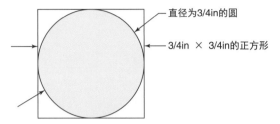
直径为3/4in的圆
3/4in × 3/4in 的正方形

图 1-29　正方形的边长与内切圆的直径相等，如果从正方形材料上切取圆形，正方形的边长必须大于或等于圆的直径

假设一个在圆内的正方形，四个顶点在圆的边上（内接），有一条连接两点的对角线，将正方形等分为两个直角三角形。这条对角线长度就是圆的直径，也是两个三角形的斜边（见图 1-30）。计算出任意三角形直边的长度，就可得出最大正方形的面积。

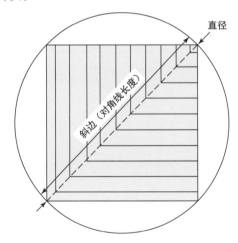
直径
斜边（对角线长度）

图 1-30　如果从圆毛坯上切取正方形，正方形对角线长度必须等于或小于圆的直径，将正方形等分可得出圆的直径

由于正方形的四边等长，四角均为90°，并且该三角形是从正方形等分而成的，因此它的两条直角边的边长相等，有两个 45° 内角和一个 90° 直角（见图 1-31）。

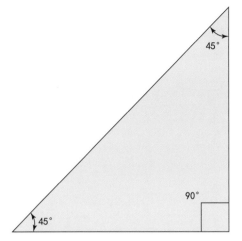

图 1-31　等分正方形可得到两个 45° 内角和一个 90° 直角的三角形

有很多计算三角形的方法。已知直径（三角形斜边），将直径乘以常数 0.7071 可计算出最大内接正方形的尺寸。0.7071 是直径（斜边）与正方形直角边的比（见图 1-32）。另一种方法是使用勾股定理计算。

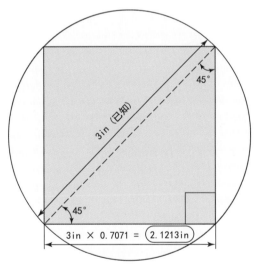

图 1-32　如果已知直径，将直径乘以常数 0.7071 可计算出最大内接正方形的尺寸

如果已知正方形边长，将边长乘以 1.414（2 的平方根）可得出外接圆的直径（见图 1-33）。

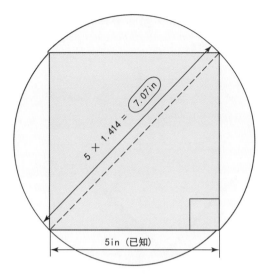

图 1-33　如果已知正方形边长，将边长乘以 1.414 可得出外接圆的直径

1.5.2　构建正方形的方法

很多方法可以用于正方形划线，常见的方法如下。

计算三角形得出正方形边长，调节划规宽度与边长相同，将划规一脚置于正方形的一个顶点，用另一脚在两边分别划出另外两个顶点，如此反复直至四个交叉点均被标出（见图 1-34）。

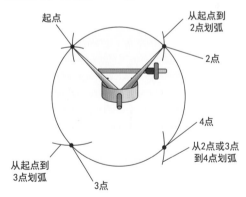

确定4个点后，连接四点构成正方形

图 1-34　用划规划圆的内接正方形

利用组合角度尺的中心定位尺划出一条中心线，在其两边分别划两条与其平行的线，作为正方形的两条边。利用直尺再划一条与第一条中心线相垂直的中心线，

再重复上述过程（见图 1-35）。

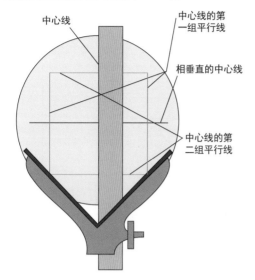

图 1-35　利用中心定位尺划中心线，在圆形工件上划正方形

在非圆形工件上划正方形的基本方法如下。

根据基准边使用直尺划第一条直线，取距离基准边距离相同的两点并连线，作为第二条直线，最后划一条与第一条直线平行且距离相等的直线作为第三条直线，构成完整正方形（见图 1-36）。

利用两条相邻边缘构建正方形时，它们的平行线会在某一点相交，也可通过它们的垂直线找出交叉点（见图 1-37）。

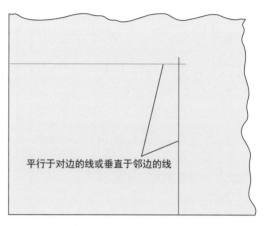

图 1-37　两边成直角的工件上可划出两边的平行线或垂直线

利用两点构建正方形。在工件上找到两个点，穿过两点划出一条线作为正方形的一边，同时作为基准边。将直角尺与这条边对齐，划出它的垂直线。这样，正方形的另外两条边分别与这两条边平行（见图 1-38）。

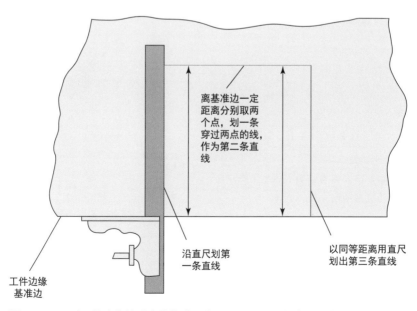

图 1-36　通过工件边缘的垂直线构建正方形，再以所需长度划出它们的平行线

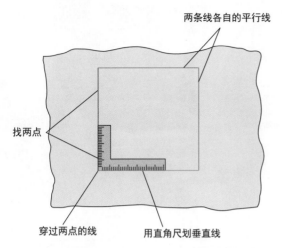

两条线各自的平行线

找两点

穿过两点的线

用直角尺划垂直线

图 1-38 无直角边的工件上，划一条基准线，用直角尺划出与其垂直的邻边，利用这两条边各自的平行线构建正方形

1.6 划线过程指南

虽然每次划线都是独一无二的，但也有一些基本步骤可供参考，需要注意的是这些步骤以及顺序可以根据实际情况做适当调整。

1）研究工程图样，设计划线过程，决定所需工具。选择工具时要注意考虑公差。

2）确保工件已去除毛刺，并且划线前在工件上涂划线液。

3）选定基准边，作为所有面或边的测量数据的依据。

4）划圆或弧线，可用圆锥冲在圆心上轻轻标记。

5）划圆或弧线。

6）划角度线或切线。

7）用直线将剩余的点连接起来。

第2章　　手动工具

2.1　简介

使用手动工具是加工行业的基本技能。在安装机床、加工操作和设备维修等过程中都会使用到手动工具。

2.2　螺钉旋具

螺钉旋具是用于拧紧和松动螺钉头的简单手动工具，具有多种花形的端头，每一种花形端头用于具有相应凹槽形状的结构。

注　意

要选择与螺钉花形相对应的螺钉旋具，以避免操作人员受伤或设备的损坏。螺钉旋具不可放在衣服口袋中，或者在运转中的设备上使用，也不可用于撬动物体，像锤子或錾子一样。螺钉旋具要对准螺钉，不能滑动，以避免伤及操作人员或损坏设备。

2.2.1　十字槽螺钉旋具

十字槽螺钉旋具用于拧带有十字凹槽的螺钉。端头的十字槽可避免螺钉旋具滑动。十字螺钉旋具有 1~4 四个尺寸，应选择与螺钉尺寸相匹配的螺钉旋具。

2.2.2　一字槽螺钉旋具

一字槽螺钉旋具有一个宽而平的端头，有多种尺寸，不同的宽度和厚度可用于拧不同凹槽的螺钉。使用时应选择与螺钉凹槽相匹配的最大尺寸的螺钉旋具。

2.2.3　偏置螺钉旋具

当操作空间太小，直柄螺钉旋具无法使用时，就可用到偏置螺钉旋具。在它的一端或两端的端头上有一个或两个 90° 角。端头有多种尺寸和多种形状。

2.2.4　内梅花头螺钉旋具

许多设备的安装中都能使用到内梅花头螺钉旋具，如汽车装配和刀具安装。内梅花头螺钉旋具有多种尺寸，端头上有一个内六角，使用时应紧密贴合在螺钉槽缝中。

图 2-1 所示为各种类型的螺钉旋具。

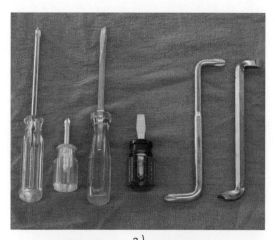

a）

b）

图 2-1　a）螺钉旋具有多种尺寸、长度和偏置类　b）一些常用类型：十字槽、一字槽和内梅花头螺钉旋具

2.3　钳子

钳子广泛用于工件的夹持和剪断操作，有多种类型，用于不同的操作。钳子与扳手的作用不同，一些钳子上有剪断功能，可用于剪断金属丝。

2.3.1　鲤鱼钳

鲤鱼钳可用于多种夹持的操作，调节钳口的铰接轴可使钳口的开口更大，夹持更大的工件。

2.3.2　尖嘴钳

尖嘴钳的使用也很广泛，钳口向前端逐渐变小，可夹持较小的工件。一些尖嘴钳的钳口呈弧形，可深入较窄的缝隙中进行操作。尖嘴钳也可用于去除车床上的细小切屑，但应当在车床停止运转时使用。

注　意

不可在运转中的设备上使用尖嘴钳。

2.3.3　大力钳

操作中需要更大的夹紧力时，就会使用大力钳。通过手柄上的调节螺钉可调节钳口的大小，紧压手柄便可夹持工件。调节大力钳的固定装置，可使钳子固定在夹持的状态，不需要人工维持。按压手柄上的控制杆，便可解除夹持状态。

2.3.4　水泵钳

有时需要夹持较大体积的工件，可使用水泵钳。水泵钳有一个凹凸槽形状的铰接轴，可调节钳口的大小，同时钳口两端保持平行。

2.3.5　钢丝钳

钢丝钳有一个宽而平的钳口，可用于夹持操作，也可用于剪断金属丝和钢钉。

2.3.6　斜口钳

斜口钳用于精准剪断金属丝和钢钉。钳口边缘的角度可使剪线钳几乎紧贴工件表面进行操作。图 2-2 所示为以上类型的钳子。

图 2-2　从左至右：鲤鱼钳、尖嘴钳、大力钳、水泵钳、钢丝钳和斜口钳

2.4　锤子

锤子主要用来敲打工件使其表面平整、拔出钉子、砸碎等以及为孔的定位做标记，常用到的是硬质锤头的钢锤。当需要保护工件或操作平面不受损坏时，则使用软面锤。使用前需要检查锤头是否松动以及锤柄是否有裂纹。许多软面锤的面是可替换的，每种类型均有不同的尺寸和重量。

注　意

使用锤子时必须佩戴护目镜。不可用锤子敲击另一个锤子，以免有碎片溅出，造成损伤。

2.4.1　圆头锤

圆头锤根据锤头重量不同而分为不同的尺寸。因为两个锤头大小不同、功能不同，所以圆头锤有两种用途。它的一个锤头有承击面，另一个锤头呈圆形，用于敲击铆钉或粗糙毛坯。承击面用于轻击和重击，如划线时针孔冲的敲击和錾子、冲头的敲击。图 2-3 所示为圆头锤。

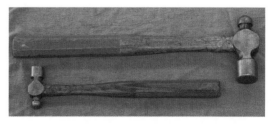

图 2-3　不同大小的圆头锤用于不同的轻击和重击

2.4.2　软面锤

软面锤用来敲击易受损坏的表面，也用于精确定位的操作，如工件在机床上被最终拧紧及加工前的对齐操作或精密部件的安装。

2.4.3　香槟锤

香槟锤是一种软面锤，在机用虎钳上安装平行工件时使用。它的锤头中有砂粒或钢珠，可在敲击时起到缓冲作用，防止反弹。香槟锤的优点是将大部分的敲击力转移到被敲击的物体，从而防止锤子的反弹。图 2-4 所示为香槟锤。

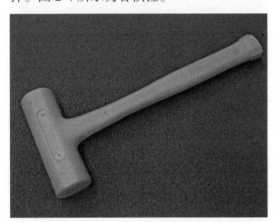

图 2-4　香槟锤的锤头中有砂粒或钢珠，可防止反弹

2.4.4　尼龙锤

尼龙锤用于持续敲击具有柔软表面的工件。与香槟锤不同，尼龙锤的特点是敲击后会弹起。

2.4.5　皮锤

皮锤是一种软面锤。它的锤头由卷紧的牛皮做成，柔软、可压缩，具有一定的反弹度。

2.4.6　软金属锤

软金属锤由软金属制成，如黄铜、铜。它是介于尼龙锤的温和与钢锤的坚硬之间的一种锤子，它可用于较重的敲击操作，但仍存在损坏工件的风险。软金属锤的另一个优点是敲击金属材料时不会产生火花。图 2-5 所示为一些软金属锤。

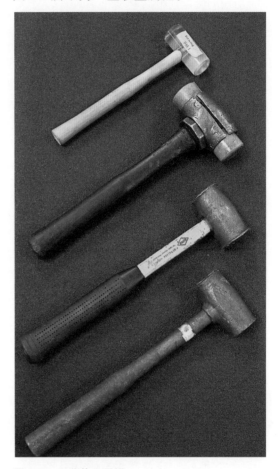

图 2-5　一些软金属锤

2.5　扳手

扳手是用于拧紧和松动螺栓、螺母的工具，分为多种类型，用于不同的操作。掌握扳手类型的选择和使用方法可避免造成人员损伤和设备的损坏。

注　意

选择的扳手要与螺栓或螺母的尺寸相匹配。使用扳手时尽量向内扳动手柄，以免滑动造成误伤。不准套管接长手柄，也不准用锤子敲击扳手。扳动扳手时身体保持平衡，避免螺栓或螺母突然松动时拉伤脊背、跌落或砸到其他物体。猛然用力扳动扳手可以松动较紧的螺栓或螺母。

2.5.1　呆扳手

　　呆扳手是一种轻型扳手，有两个平行开口，可用于六角或方形的表面。大多数呆扳手的开口为15°，可用于狭小的空间，两端可交替使用。开口处只有两面接触，因此用力较大时，力量会由两个接触面承受。图2-6所示为一些呆扳手。

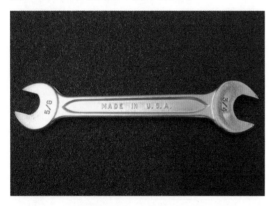

图2-6　呆扳手用于较小力矩的操作，多数开口为15°，可用于狭小的操作空间

2.5.2　梅花扳手

　　需要较大力矩时可使用梅花扳手。梅花扳手的一端可完全包住螺栓或螺母，增大力矩，减小开口压力。使用时必须从底端开始拧螺栓。梅花扳手有六角孔或十二角孔，如图2-7所示。六角孔贴合更紧密，更不容易滑动。当摆动空间较小时，套住紧固件也相对困难一些。十二角孔比六角孔的接触面更多，可用于四角或十二角头。

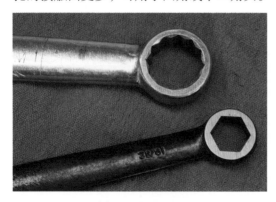

图2-7　六角孔和十二角孔梅花扳手

2.5.3　双头扳手

　　双头扳手有多种类型。一端是梅花扳手，另一端是相同尺寸的呆扳手，被称为两用扳手。另一些双头扳手的两端都是梅花扳手或不同尺寸的呆扳手。图2-8所示为一些双头扳手。

图2-8　一些双头扳手，最上边的两用扳手，一端为梅花扳手，另一端为相同尺寸的呆扳手

2.5.4　活扳手

　　活扳手有很多用途，需要调节开口，使之与紧固件紧密匹配，避免人员损伤和设备的损坏（见图2-9）。活扳手根据手柄长度而分为多种尺寸。活扳手与呆扳手的使用方法相同，因此易受开口大小的影响。由于活扳手的开口不是固定的，因此容易弯曲变形。

图2-9　活扳手有多种尺寸，并且可调节开口大小

2.5.5　套筒扳手

套筒扳手的一端是一个类似梅花扳手的圆形套筒，另一端是一个连接手柄的方形孔。棘轮手柄有配套的方形块，扳动手柄时可将力矩转移给套筒。棘轮手柄的优点是套紧紧固件后便可多次扳动。套筒扳手与梅花扳手类似，有六角孔和十二角孔，如图 2-11 所示。尺寸由方形孔大小决定，如 1/4in、3/8in、1/2in 或 3/4in。套筒的摆动尺寸要与手柄的摆动尺寸相匹配。很多工具可用来辅助套筒扳手，以深入到难以操作的地方。图 2-12 所示为棘轮手柄及辅助工具。

2.5.6　水带扳手

一些紧固件上有孔或狭槽，水带扳手可以利用这些孔或狭槽。钩形扳手有一个钩形的开口，可与带有狭槽的紧固件匹配。圆头水带扳手可与带孔的紧固件匹配。双销扳手有一个叉形开口，可与紧固件表面齐平。图 2-13 所示为这些扳手的例子。

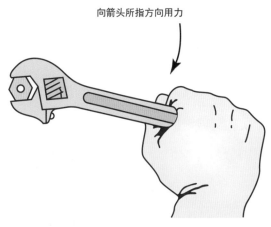

向箭头所指方向用力

图 2-10　使用活扳手时，要将可调节的一边朝下，向内扳动扳手

图 2-11　套筒扳手有六角孔和十二角孔

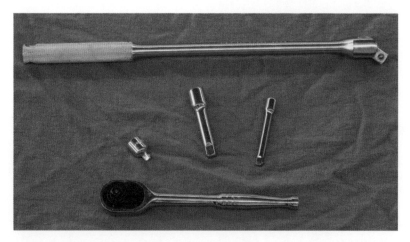

图 2-12　棘轮手柄和一些辅助工具可以帮助套筒扳手深入到难以操作的地方

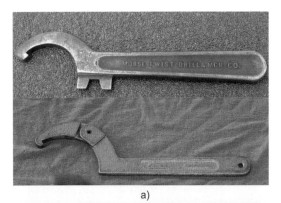

a)

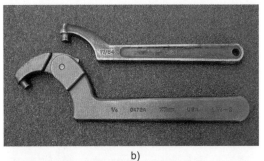

b)

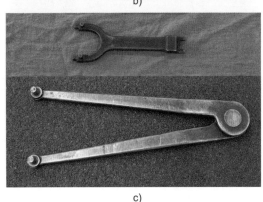

c)

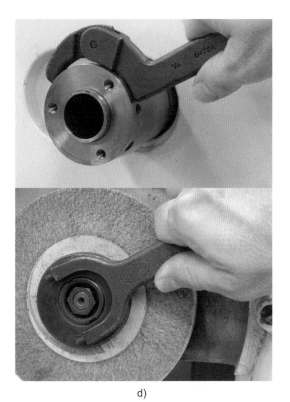

d)

图 2-13 a）方头水带扳手 b）圆头水带扳手 c）双销扳手 d）水带扳手和双销扳手的使用

2.5.7 内六角扳手

内六角扳手用于拧套筒或定位螺钉，常用于刀夹和固定装置中。图 2-14 所示为一些不同类型的内六角扳手。

2.6 台虎钳

台虎钳用于夹持工件以进行锉削或锯削的操作。台虎钳要以适合的高度安装在工作台上，防止引起操作人员的疲劳。台虎钳的手柄不可延伸过长。不可用锤子敲击手柄，也不可用套管延长手柄。多数台虎钳的钳口后有一块小铁砧，用于轻击操

作，这也是唯一可使用锤子敲击的部位。

2.6.1 基座

1. 回转式

回转式台虎钳的基座可旋转到欲夹持的角度。不可用套管延长手柄，也不可用锤子敲击手柄。图 2-15 所示为回转式台虎钳。

2. 固定式

固定式台虎钳需要固定在工作台上。通过固体浇注的方法和三个螺栓将台虎钳

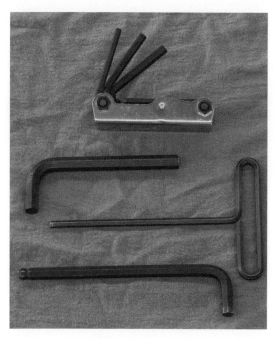

图 2-14　内六角扳手有折叠式、L 形和 T 形，一些内六角扳手的一端呈弯曲，可从侧面触及或拧动紧固件

图 2-15　回转式台虎钳

直接固定在工作台上。图 2-16 所示为固定式台虎钳。

2.6.2　钳口

台虎钳的钳口是由螺钉或钢钉固定的两个可替换的面组成。

1. 硬钳口

钢质硬钳口用于夹紧工件，分为直槽、

图 2-16　固定式台虎钳

锯齿形表面和光滑表面三种。它们也可能会损坏工件表面的精度。图 2-17 所示为台虎钳的硬钳口。

图 2-17　光滑表面的钳口用于轻夹工件，而锯齿形表面的钳口可嵌入工件表面，夹紧工件

2. 软钳口

软钳口通常是一个可拆卸的或有磁力的垫，防止夹坏工件，由铝、铜、橡胶、塑料或木头制成。图 2-18 所示为台虎钳的软钳口。

图 2-18　台虎钳的软钳口，如图中的铜垫，可防止夹持过程中损坏工件

2.7　夹钳

钳工的许多工作中会用到夹钳，如将工件夹在一起，以便同时进行加工操作。

2.7.1　C 形夹钳

C 形夹钳有一个 C 形的钳身和一个螺钉，用以夹持工件。这种设计很适合夹持重型工件。可夹持工件的大小由钳口的大小和螺钉的长度共同决定。

2.7.2　平行钳

平行钳用于夹持小而脆的轻型工件。平行钳的钳口相互平行，两个平行的螺钉可调节钳口的大小，夹持不同尺寸的工件。

2.7.3　铰夹

铰夹的钳口由一个螺钉连接在一起。图 2-19 所示为不同类型的夹钳。

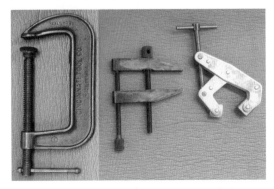

图 2-19　从左至右：C 形夹钳、平行钳、铰夹

2.8　弓形锯

弓形锯是简单的手锯，用于锯削轻型工件。有时弓形锯比动力锯更快、更简易，甚至更精确。弓形锯主要有三个部分：锯条、手柄和锯弓。大多数的锯弓可调节锯条的长短进行调节，如 8in、10in、12in。图 2-20 所示为弓形锯。

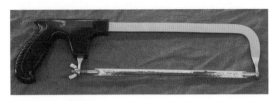

图 2-20　弓形锯

2.8.1　锯条

弓形锯通用的锯条厚度为 0.025in，宽度为 1/2in。锯条按照长度和每英寸锯齿数（TPI）分类。选择锯条时要保证至少有三颗锯齿能够接触工件表面，防止锯条卡住或折断。为防止锯条陷进工件内部，锯齿向两边错开排列，称为锯路。一般的锯条是波形锯齿，锯齿呈左右交替排列的形式。图 2-21 所示为波形锯齿锯条。这种锯条锯削的宽度会比锯条厚度略宽。锯削产生的细槽缝称为锯痕。

图 2-21　波形锯齿锯条便于锯削时排出切屑

2.8.2　弓形锯的使用

使用弓形锯的第一步是根据加工材料选择合适的锯条。将锯齿指向弓形锯的外端，而不是手柄方向，再牢牢安装在锯弓上。如果加工深度大于锯弓的深度，可将锯条旋转 90° 后安装在锯弓上，如图 2-22

所示。工件用台虎钳夹紧并靠近钳口，减少表面的振动。

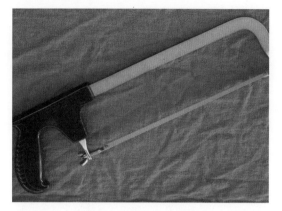

图 2-22　一些锯弓上的锯条可以旋转 90° 安装，锯削一些狭窄部位

　　开始时用力要轻。为防止锯条滑动，可先在表面锉出一道小的凹痕，或者沿拇指指甲轻轻向内拉动手锯，是锯条稳定。接下来最好用两手握锯进行锯削，一只手握住手柄，另一只手握住锯弓外端。由于手锯只能向前锯削，因此向前推动时要用力下压，推动频率为 40~50 次 /min。手锯要摆正，不可倾斜。如果锯条折断，替换锯条之后的锯痕会比之前的锯痕宽。为避免锯条卡住或破坏锯痕，应当从相反的方向重新锯削。图 2-23 所示为一些锯削的方法。

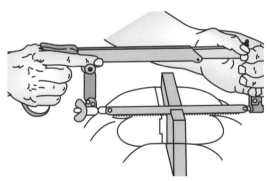

图 2-23　使用弓形锯时双手的位置，使弓形锯保持水平，前推的同时用力向下压

注　意

　　使用弓形锯时务必谨慎，手指不要接触锯齿。

注　意

　　使用弓形锯时必须佩戴护目镜。锯削速度不要太快，下压力量不要太大，以免锯条折断或造成人员损伤。锯削接近尾声时，减小下压力量，慢慢锯开工件，以免受伤。

2.9　锉刀

　　锉刀用于钳工操作中的塑形、研磨、装配、去毛刺。锉削是一种基础操作，有时比机床加工更加实用，因此要学会如何正确使用锉刀。锉刀有多种形状、尺寸和种类，用于不同的操作。

2.9.1　锉刀的分类

　　锉刀根据长度、断面形状、齿纹类型和精度等级进行分类。

1. 长度

　　锉刀的长度是指从梢部到顶端的长度。图 2-24 所示为锉刀的基本部位和长度测量方法。

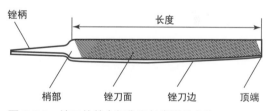

图 2-24　锉刀的基本部位和长度测量方法

2. 断面形状

　　锉刀的另一个特点是断面形状。常用锉刀的断面形状是方形、平形、扁形、菱形、刀形、圆形、半圆形和三角形。图 2-25 所示为这些形状的锉刀。

3. 齿纹类型

　　锉刀的齿纹分为多种类型，有单纹锉、双纹锉、弧齿锉和粗纹锉。单纹锉只有一排齿纹，使用时轻轻按压，可锉出光滑表面，

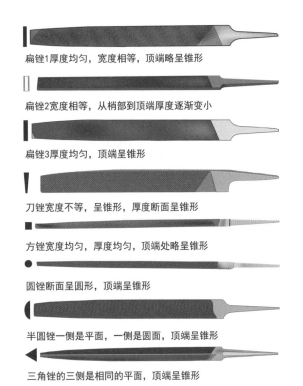

扁锉1厚度均匀，宽度相等，顶端略呈锥形

扁锉2宽度相等，从梢部到顶端厚度逐渐变小

扁锉3厚度均匀，顶端呈锥形

刀锉宽度不等，呈锥形，厚度断面呈锥形

方锉宽度均匀，厚度均匀，顶端处略呈锥形

圆锉断面呈圆形，顶端呈锥形

半圆锉一侧是平面，一侧是圆面，顶端呈锥形

三角锉的三侧是相同的平面，顶端呈锥形

图2-25 常见的锉刀的断面

或去除多余材料。双纹锉有两排相互垂直的齿纹，可较快去除多余材料，锉出的表面比较粗糙。弧齿锉可用于较大平面，但在机械加工中使用不多。粗纹锉也很常见，用于去除软性工件表面的多余材料，如木头或塑料。图2-26所示为这几种类型的锉刀。

图2-26 从左至右：粗纹锉、弧齿锉、双纹锉、单纹锉

4. 精度等级

锉刀根据齿纹的精度等级而分类，从

粗至精依次为：

粗齿锉、中齿锉、细齿锉、油光锉。细齿锉可用于表面精加工；粗齿锉可快速去除表面材料，锉出的表面比较粗糙。

锉刀加工出的表面精度与长度有关。相同精度等级的锉刀，长度较大的锉刀加工出的表面更加粗糙。例如：一个12in的中齿锉刀比8in的中齿锉刀加工出的表面更加粗糙。

2.9.2 特殊锉刀

有一些锉刀的形状、尺寸、类型不符合上述锉刀的分类，如珠宝商或制模工人的锉刀，一种很小的锉刀，用于十分精细的锉削加工。它们有多种断面形状、弧度或弯钩，可触及十分细小的部位。图2-27所示为一些这类锉刀的例子。

图2-27 珠宝商或制模工人的锉刀有很多特殊形状，用于精细的锉削加工

有的锉刀的边缘没有齿纹，称为光边，防止锉削时触及相邻表面。图2-28所示为带有光边的锉刀。

图2-28 锉刀的光边是为防止锉削时触及相邻表面

2.9.3　锉刀的选择

去除多余材料时通常选用长度较大、精度等级较低的锉刀和双纹锉刀，而长度较小、精度等级较高的锉刀和单纹锉刀则常用于研磨光滑表面。锉刀的选择需要根据实际情况而定，这需要长期积累实际经验。

2.9.4　锉刀的常用方法

1. 夹持技巧

锉削前，先用夹钳或台虎钳将工件固定在合适的高度和位置上。待锉削的表面靠近钳口，但不要过近，既要防止工件发生振动，又要防止锉削时触及钳口。尽量使待锉削表面保持水平，以便于手工操作。

工件夹好后，用一只手紧握锉刀手柄，另一只手握住锉刀的顶端，保持锉刀的稳定。一定要使用带有手柄的锉刀，避免锉柄戳伤手部。一些锉刀是旋在手柄上的，一些则是直接压进手柄里的。图 2-29 所示为将锉刀安装进手柄孔的方法。

图 2-29　将锉刀安装在无螺纹手柄孔时，要把锉柄插入手柄，抬起手柄在木头工作台上轻轻敲击，注意要握住手柄，而不要握锉刀

锉削时，双脚站稳，分开与肩同宽。向前推锉时用力下压，锉削工件表面，向回收锉时要将锉刀抬离工件表面。因为只有推锉时能锉削表面，而收锉时只会使锉刀变钝，并且下压力量过小或过大也会使锉刀过早变钝。可以在锉刀上撒一些滑石粉，防止锉削下来的材料嵌在锉刀的齿纹中。

注　意

一定要使用带有手柄的锉刀，避免锉柄戳伤手部。

注　意

不要用锉刀撬动或敲击其他物体，避免锉刀折断。

---

2. 锉削

顺向锉是指从锉刀的顶端到梢部，沿工件表面向前或向斜方推动锉刀锉削的过程，如图 2-30 所示。对工件进行最后尺寸加工时，为了使工件抛光度更高，也可使用推锉的方法，即沿着锉刀宽度方向锉削，如图 2-31 所示。两手垂直握紧锉刀，沿锉齿所指方向前推，并用力下压。使用单纹锉时，推锉时只产生单行锉纹。使用右手时，向前推锉时产生锉纹；使用左手时，则向回收锉时产生锉纹。由于双纹锉的锉齿方向相反，因此推锉时会产生双行锉纹。推锉时的下压力量要比顺向锉时小一些。顺向锉可以快速去除表面多余材料，而推锉时去除材料的速度要慢得多，但锉出的表面更加精细、光滑。

图 2-30　顺向锉的方法，握紧锉刀，沿着锉刀长度方向锉削，并且前推锉刀时下压，回收锉刀时抬起

图2-31　推锉的方法，轻握锉刀，沿着锉刀宽度方向锉削，推单纹锉时要沿锉齿方向前推，双纹锉两排锉齿方向相反，因此要分别向两个方向前推

3. 锉刀的清理与保养

锉刀使用久了就容易被锉削下来的材料堵塞，称为切削堆积。有时锉削软金属表面时，如铝，会产生金属碎屑，称为锉屑，其会堵塞锉刀的齿纹，称为切屑填塞。锉削时下压力量越大，切屑填塞和切屑堆积就更易发生。要经常清理锉刀上的碎屑，防止划伤工件表面。而工件表面出现划痕，则意味着需要清理锉刀了。锉刀清洁刷可以清理锉刀，有短毛软刷和钢丝刷。很多锉刀清洁刷上有一个刷头，可用来去除锉刀齿纹中的金属碎屑。使用锉刀清洁刷时要沿着齿纹方向平行移动，如图2-32所示。

锉刀使用完毕后要清理干净并收好，不要与其他锉刀或工具放在一起，以免使锉刀变钝。

注　意

不要用手直接清理锉刀，也不要用锉刀敲击工作台或其他东西来去除碎屑。

2.9.5　锉削的技巧

下面是锉削的常用技巧。

先使用齿纹较粗的锉刀，锉削过程越接近结束，选择锉刀的齿纹越细。

为保证尺寸精确，锉削的工件越接近最终尺寸，越要频繁的检查工件。

接近划线时要确认工件的尺寸。

锉削两个相互垂直的表面时，确认锉刀的角度呈直角，以保证垂直度。

可以给工件上涂划线液，然后用直尺或半径规轻轻划过表面，划线液被抹掉的

a)

b)

图2-32　a）短毛刷和钢丝刷 b）使用锉刀的过程中要经常清理，锉刀清洁刷要沿着齿纹方向平行移动

部位就是表面上凸起的部分。测量工具划过表面时不要用力，否则会损坏工件。

工件的尺寸接近最终尺寸时，检查工件的时间要和锉削的时间一样多。

去除所有毛刺之前都要先检查一遍，以确保尺寸的精确性。

2.10 去毛刺

去毛刺是指去除工件边缘的尖形凸起，是机械加工中的一个重要过程。一根细小的毛刺都会给加工过程中的测量、定位、安装造成误差，同时毛刺也会刺伤手掌，有时伤口会很严重。用锉刀去毛刺时，将锉刀沿工件边缘推动，同时轻微滚动，便可以去除毛刺。不要将锉刀来回反复推动。有时会用到一些特殊工具来去除毛刺，如图 2-33 所示。

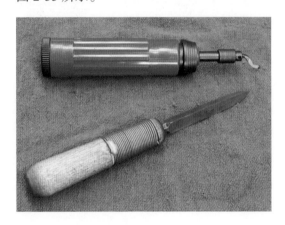

图 2-33　一些去毛刺的工具

注　意

毛刺会刺伤手掌，有时伤口会很严重。

2.11 研磨料

研磨料是指用于磨光工件表面或去除毛刺的天然材料或合成材料，通常在锉削操作后或工件加工的最后阶段，即抛光阶段，用于研磨材料。由于研磨料具有一定硬度，因此可用于锉刀无法处理的抛光及去除硬质钢的毛刺。常用的研磨料材料有金刚砂、石榴石、氧化铝和碳化硅。研磨料不同于锉刀，可以向任意方向研磨。

布质砂纸是将研磨颗粒黏在一块柔软的底布上，纸质砂纸是将研磨颗粒黏在一张纸基上。两种砂纸的研磨颗粒有多种大小，即粒度号。粒度号越小，研磨颗粒越大，砂纸越粗糙；粒度号越大，研磨颗粒越小，砂纸越精细。大颗粒砂纸可较快速去除多余材料，磨出的表面比较粗糙。小颗粒砂纸去除材料速度较慢，磨出的表面比较光滑。图 2-34 所示为布质砂纸和纸质砂纸。

图 2-34　布质砂纸和纸质砂纸均有不同尺寸大小和多种粒度号

磨石是将研磨颗粒高温烧结而构成的固态物体，有多种形状、尺寸和粒度号。图 2-35 所示为一些磨石。

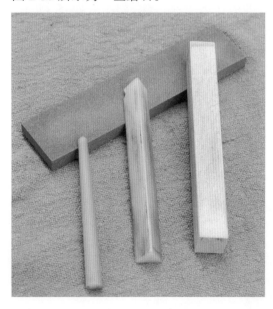

图 2-35　一些用于去毛刺和抛光的磨石

锯　床 　　　　　第3章

3.1　简介

锯削是大多数加工过程的第一道工序，用来加工条形、管形或板形的毛坯。常见的锯床有四种：电锯与锯床、带锯机床、砂轮锯和圆形金属切割锯。

3.2　电锯与锯床

电锯与锯床与手动钢锯的工作原理相同，在工件表面前后拉动锯条，实现对工件的锯削。图 3-1 所示的电锯与锯床是本章所涉及的最早使用的一种锯床，多年来一直用于条形、筒形、板形毛坯工件的锯削加工。使用电锯时，操作人员需要根据加工材料调节锯条的行程。这类锯床只有在向前锯削时会产生有效加工，因此它的加工效率较低，目前电锯与锯床已经被带锯机床所取代。然而，在一些加工过程中仍然会使用到电锯与锯床。

图 3-1　电锯与锯床

3.3　带锯机床

带锯机床是最常见的一种锯床，其锯条是一条单面磨有锯齿的金属带，用于单向锯削，两端有两个驱动轮，用于支承和驱动锯条。当带锯机床通电后，驱动轮旋转，带动锯条移动。与往复锯削的锯床相比，带锯机床的加工精度更高，产生的热量更少。

3.3.1　卧式带锯机床

卧式带锯机床由于锯条的水平加工方向而得名，可用于加工大型毛坯工件，速度快，效率高，误差在 ±0.015in 内，因此该类机床十分适合直线切削的加工。多数卧式带锯机床使用机用虎钳固定工件，并具有冷却系统，可向加工表面喷洒切削液，降低工件和锯条的温度。很多卧式带锯机床还有机动进给装置，由液压或计算机数控来控制。图 3-2 所示为手动、液压和计算机数控卧式带锯机床。

1. 卧式带锯机床的操作

以下是使用卧式带锯机床锯削工件的基本步骤。卧式带锯机床分为多种型号，每种型号具有各自的操作特点，在使用中需要引起注意。

1）调节导向臂，使锯条尽量靠近工件并固定（见图 3-3）。

2）测量工件的待加工尺寸。将工件安装在机用虎钳上。加工后的毛坯通常会比所要求的成品尺寸大 1/16~1/8in，为后续加工留出加工余量。工件要水平放置在锯床上。如果工件长度小于机用虎钳钳口宽度，那么钳口可能会旋转，无法紧固夹持工件。可以在机用虎钳的另一端放置一块尺寸相同的工件，以保持钳口的平行（见图 3-4）。锯削长条形工件时，可以用一个支架辅助工件保持水平，同时防止工件掉落（见图 3-5）。

3）调节合适的带锯速度。

4）降下锯条，距离工件约 1/4in。

5）起动锯床。

6）慢慢降低锯条，使之切进工件。如果起动速度过快，会使锯齿断裂。当有一部分锯齿切进工件时，就可以调节适当的加工速度，使锯条锯断工件。

7）锯削结束后，去除工件的毛刺，清

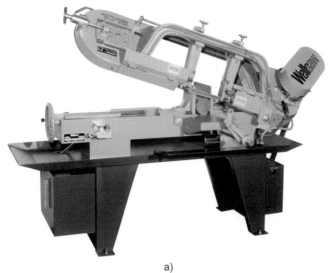

a)

b)

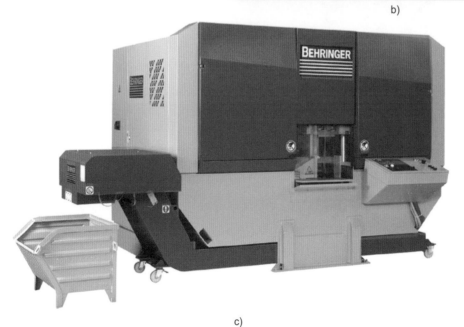

c)

图3-2 a）手动卧式带锯机床 b）液压卧式带锯机床 c）计算机数控卧式带锯机床

图 3-3　调节卧式带锯机床的导向臂，使锯条尽量靠近工件，这种方法能保证锯条的垂直加工

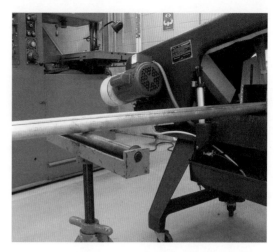

图 3-5　用支架支承长条形工件，保持水平并防止掉落

图 3-4　机用虎钳在夹持较短的工件时，可以在其另一端放置一个同样尺寸的工件，维持钳口的平行，保证夹持的有效性

理锯床，将切削下来的材料放到合适的地方保存。

2. 卧式带锯机床的安全事项

与任何其他机床一样，使用卧式带锯机床前也要参考一些安全注意事项，保证操作人员的安全，同时也防止对机床造成损坏。使用卧式带锯机床时，不要手持工件进行操作，身体要远离锯条和任何参与加工的部件。移动过长或过重的工件时，要在其他操作人员的协助下进行，或者使用夹持工件的工具，以免造成人员伤害。在调节导向臂、锯条或进行维护之前，务必要关闭电源。

3.3.2　立式带锯机床

几乎在所有车间里都会见到立式带锯机床，这是一种非常实用的设备。立式带锯机床的锯条由两个带轮支承并呈垂直方向，因此而得名。上面的轮子也称为上滑轮，有两个作用：第一，它可以支承锯条；第二，通过下方手柄调节它的高度，即可调节锯条的松紧。下面的轮子也可支承锯条，同时为锯条提供驱动力。

1. 立式带锯机床的应用

立式带锯机床用于半成品工件的粗加工，可切削任何材料，这在成品工件制成之前可节省大量的加工时间。在图 3-6 中，使用立式带锯机床对未进行其他操作的工件进行切削。

立式带锯机床可以进行直线加工或轮廓线加工。轮廓线加工尤其实用，可以加

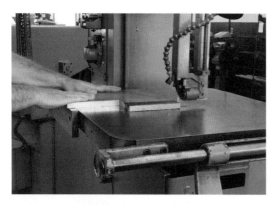

图 3-6 立式带锯机床用于切削较大余量的工件，为后续加工做准备

工复杂且精准的形状，加工速度快，精度高（见图 3-7）。有时候，在一个没有开口的闭合边界内切削出一个轮廓线，这时，需要先钻一个孔，使锯条能从孔内穿过，然后锯条被切割并插入钻孔（见图 3-8），其两端再重新焊接在一起，安装在立式带锯机床上。有为立式带锯机床特制的焊机用以完成这项工作，有些立式带锯机床本身还配有这种焊机，作为机床的一部分。图 3-9 所示为立式

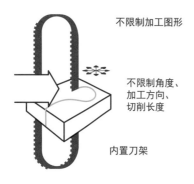

图 3-7 立式带锯机床可进行轮廓线锯削的操作

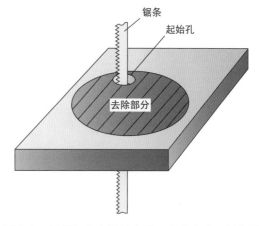

图 3-8 锯削闭合内置轮廓线工件的方法，锯条被切割并穿过起始孔，将两端焊接在一起，锯削结束后，将锯条切断并取出

图 3-9 立式带锯机床上的锯条焊机

带锯机床上的锯条焊机，关于焊接操作的内容在本章后面部分会详细介绍。

在轮廓线锯削中，有时需要在内角处做一个圆角。通常会在内角里钻一个尺寸

合适的孔，使工件能够绕着锯条旋转。一般来说，如果锯条可以嵌入工件的内角，应该使钻孔的直径与工件半径相等（见图3-10）。

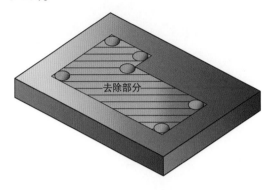

图 3-10 轮廓线加工时，在内角处钻孔，可为锯条提供旋转的空间

2. 立式带锯机床的安全事项

操作立式带锯机床时的安全事项如下。操作中通常是手持工件靠近锯条进行加工，因此操作人员的注意力要十分集中。调节上导向臂，使之与工件的距离小于 1/8in，防止过多暴露锯条，如图3-11 所示。锯削时不要将手或手指放在锯条前面。加工小型工件时，在双手的前面放置一块软金属或推杆，如图3-12 所示。替换锯条或维修机床时要关闭机床的电源。加工时不要强推工件，而是持续匀速进给工件。锯削结束后要去除工件的毛刺。

图 3-11 调节上导向臂，距离工件小于 1/8in，减少锯条的暴露量

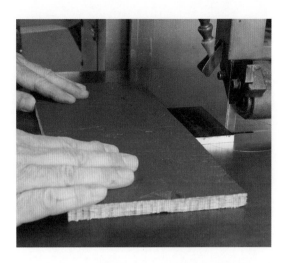

图 3-12 加工小型工件时，在双手的前面放置一块软金属或推杆

3.4 锯条的特点及应用

带锯机床和手锯一样，虽然样式简单，但锯条边缘的锯齿却有特殊设计的几何形状，以提高加工的寿命和有效性。锯条使用不当或者锯齿形状受损，会导致加工速度慢，需要更大的切削力或产生更多热量。以下内容会详细介绍锯条的特征。图3-13 所示为锯条的组成部分。

锯条的特点是选择合适锯条进行加工的重要依据，也会影响锯条的切削质量、使用寿命和锯削所需时间。许多带锯机床上有显示其特性的图表作为参考。

3.4.1 锯条材料

锯条有多种不同材质，根据用途、加工材料、切削速度和成本决定所用锯条的材质。

1. 碳素钢

碳素钢成本最低，但比硬质材料制成的锯条的锯削速度低。宽度小于 1/4in 的锯条只适用于碳素钢，其用于垂直加工或加工半径较小的材料。这种锯条只有曲形锯齿是硬质的。这类锯条成本低，常用于加工有色金属。直线型碳素钢锯条的锯齿都

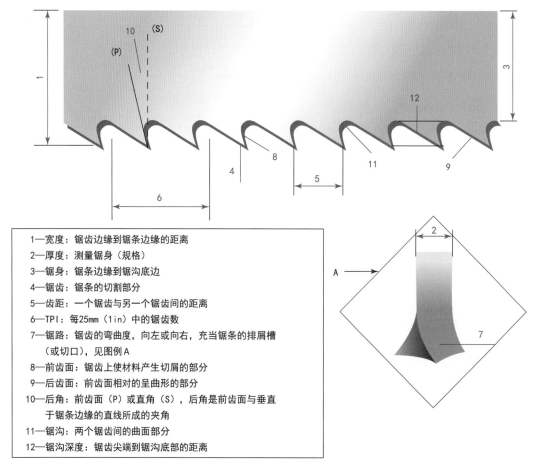

> 1—宽度：锯齿边缘到锯条边缘的距离
> 2—厚度：测量锯身（规格）
> 3—锯身：锯条边缘到锯沟底边
> 4—锯齿：锯条的切割部分
> 5—齿距：一个锯齿与另一个锯齿间的距离
> 6—TPI：每25mm（1in）中的锯齿数
> 7—锯路：锯齿的弯曲度，向左或向右，充当锯条的排屑槽
> （或切口），见图例A
> 8—前齿面：锯齿上使材料产生切屑的部分
> 9—后齿面：前齿面相对的呈曲形的部分
> 10—后角：前齿面（P）或直角（S），后角是前齿面与垂直
> 于锯条边缘的直线所成的夹角
> 11—锯沟：两个锯齿间的曲面部分
> 12—锯沟深度：锯齿尖端到锯沟底部的距离

图 3-13 锯条的组成部分

是硬质的，比曲形锯条更耐用，常用于加工有色金属和软金属，它的成本也比曲形锯条要高些。图 3-14 所示为典型的碳素钢锯条。

图 3-14 典型的碳素钢锯条

2. 复合钢材

复合钢材锯条的锯身是碳素钢，而锯齿部分是高速工具钢。这种锯条可用于卧式和立式加工机床，成本高于碳素钢锯条，

但是加工速度高。图 3-15 所示为复合钢材锯条。

图 3-15 复合钢材锯条

3. 镶齿锯条

镶齿锯条的锯身是碳素钢，锯齿齿尖部分镶嵌硬质合金材料，可用于高速加工，锯削复合钢材锯条无法加工的材质坚硬的材料。这类锯条成本很高，常用于卧式带

锯机床上高速加工原材料。图 3-16 所示为镶齿锯条。

图 3-16　镶齿锯条

3.4.2　锯路

锯路是指锯齿的不同排列形式，在加工过程中可以起到排屑的作用。图 3-13 中的第 7 项就是锯路。

锯条锯削工件时产生的槽缝称为锯缝。由于锯路的存在，锯缝的宽度一定要略大于锯条本身的宽度。图 3-17 所示为锯缝。

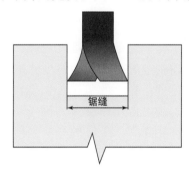

锯缝

图 3-17　锯缝

根据不同加工用途，有三种不同的锯路可供选择。图 3-18 所示为三种锯路，下面是三种锯路的详细介绍。

1. 交叉形

交叉形锯路的相邻锯齿朝向为左、右两个不同方向。这种锯路的锯条摩擦力最大，常用于加工软金属和有色金属等，如铝合金。

2. 交错形

交错形锯路是在左、右交叉形锯齿间设置一个直向锯齿，适用于加工较大圆柱形工件或较厚的钢板，也适用于立式带锯机床的轮廓线加工。

3. 波浪形

波浪形锯路锯齿呈波浪形分布，即连续若干锯齿朝左，间隔直向锯齿后又有若干锯齿朝右。这种锯路适用于加工横截面厚度不同的工件，如工字形、凹槽形、管形工件等。

3.4.3　齿距或 TPI

齿距是指两个相邻锯齿间的距离，如图 3-13 所示第 5 项。通常来说，加工材料越薄，所需齿距越小。选择齿距的一个原则是每次必须保证至少有三个锯齿在同时参与锯削加工，以防止锯齿被钩住或锯条

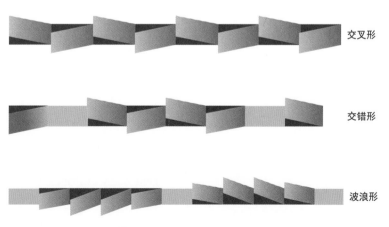

交叉形

交错形

波浪形

图 3-18　交叉形、交错形、波浪形锯路

折断（见图3-19）。变距锯条的锯齿相邻间隙不断变化，在加工薄片材料时可减少该风险，并能够降低加工产生的振动。图3-20所示为变距锯条。

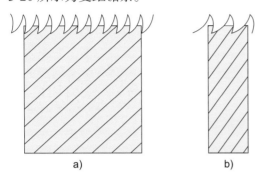

a) b)

图3-19 a）每次必须保证至少有三个锯齿在同时参与锯削加工，最理想的数值是6~12 b）如果参与锯削的锯齿数小于3，那么就存在锯齿被钩住或锯条折断的风险

变齿

图3-20 变距锯条的锯齿间隙和锯齿大小不断变化，可防止锯齿被钩住，减小振动

每英寸锯齿数（TPI）是另外一种区分锯条的方法，由每英寸参与锯削的锯齿数决定。根据公式 $TPI=3/t$ 可得出加工某厚度材料时锯条的最小TPI，其中 t 代表材料厚度。如果所得结果是小数，通常取整数作为最小锯齿数。

3.4.4 锯条宽度

锯条宽度是指从锯齿边缘到锯条边缘的距离，如图3-13所示第1项。锯条宽度通常为1/8~3in。窄锯条（1/8~1/2in）常用于立式带锯机床的轮廓线加工。宽锯条（3/4~3in）常用于卧式带锯机床的直线加工。

锯条宽度限制了锯条在轮廓线加工中的转弯能力，因此，窄锯条可加工的半径（转弯能力更强）比宽锯条要小。如果对锯条进行强行转弯锯削，那么会导致锯条（尤其是锯路）的磨损。图3-21所示为锯条宽度及其能够加工的最小半径。

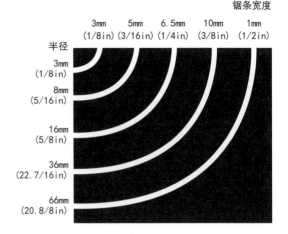

锯条宽度

3mm 5mm 6.5mm 10mm 1mm
(1/8in) (3/16in) (1/4in) (3/8in) (1/2in)

半径

3mm
(1/8in)

8mm
(5/16in)

16mm
(5/8in)

36mm
(22.7/16in)

66mm
(20.8/8in)

图3-21 锯条宽度及其能够加工的最小半径

3.4.5 锯条厚度或规格

锯条厚度也称为规格，如图3-13所示第2项。锯条厚度为0.014~0.063in，常用的厚度为0.020in、0.025in、0.032in、0.035in、0.042in和0.050in。

根据带锯机床的带轮选择合适的锯条厚度。厚度小的锯条灵敏度更高，常用于带轮直径较小的机床，而厚度大的锯条则用于带轮直径较大的机床。如果在带轮直径小的机床上使用厚度大的锯条，会使锯条过紧且易断裂。最好的办法是使用说明书中所建议的锯条厚度。

3.4.6 后角

后角是指锯条齿面之间的夹角（如图3-13所示第10项）。0°或90°后角是垂直于加工路径的角。0°后角适用于结构材料的加工，如角形、工字形、管形材料等，因为锯削时的摩擦力适中，不会将较薄的材料卡在锯齿间而造成锯齿断裂。

正后角的锯条也被广泛使用，由于其后角较大，剪切作用比较突出。正后角锯条的锯齿薄，材质较脆，适用于实心材料的加工，锯齿不会卡在边缘较薄的材料中而断裂。

3.4.7 锯沟

锯沟是指锯齿底部的曲形边缘，用于切割金属，并使之形成卷曲的碎屑。锯沟为相邻的锯齿提供切割力，并可以排出前面锯齿切割下来的金属碎屑。图 3-13 所示第 11 和 12 项分别为锯沟和锯沟深度。

3.4.8 齿型

齿型或牙型是指锯齿的形状和排列方式。每种齿型均有优缺点，而选用哪种齿型的锯条由加工任务决定。图 3-22 所示为不同类型的齿型，它们全都可用于立式带锯机床和卧式带锯机床。

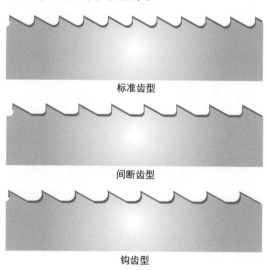

标准齿型

间断齿型

钩齿型

图 3-22 标准齿型、间断齿型、钩齿型

1. 标准（常规）齿型

标准齿型或常规齿型的锯沟半径较大，后角为 0°，适用于各类钢材的加工，加工精度高，表面粗糙度值低。

2. 间断齿型

间断齿型也是 0° 后角，其与标准齿型的主要区别是它的相邻锯齿间留有一块平整的区域，可以更多排除多余碎屑。间断齿型主要用于加工软金属材料，如铝、黄铜等，同时加工速度较高，产生碎屑较多。

3. 钩齿型

钩齿型的后角很大（像一个钩子），锯沟也较大，它带有一个内置的排屑设计，适用于切割碎屑较多的软金属，如铝、铜等，并能够防止碎屑堵塞锯齿。

3.5 锯条的焊接

带锯机床的锯条可以单独购买并焊接在机床上，常见的是卧式带锯机床使用的硬质合金锯齿的宽锯条，而立式带锯机床的锯条则是将一卷锯条剪成几段后再分别焊接在一起而成。选取合适类型的锯条材料、锯路、齿距、宽度和齿型后，就可以开始锯条的焊接工作。

3.5.1 带长

在生产商的说明上可找到锯条的带长，也可以通过计算得出，具体方法参照图 3-23 及以下步骤。

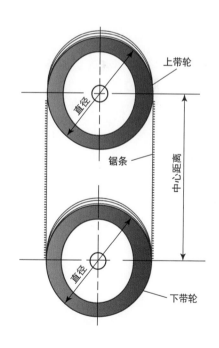

图 3-23 带长的计算方法，先测量带轮直径和两带轮中心距离，将数值代入以下公式中：

2× 中心距离 +π× 带轮直径

1）首先断电，关闭开关。

2）调节带轮至正中央位置。

3）测量其中一个带轮的直径（上带轮和下带轮的直径相同）。

4）测量两带轮之间的中心距离。

5）计算带轮的周长。

6）中心距离乘以 2 加上周长，所得结果就是带长（图 3-23 所示的是用于该计算的公式）。

7）测量锯条长度，并使用锯条剪切机或剪刀剪下相应长度的锯条。

3.5.2 焊接

很多卧式带锯机床都具有电阻式对焊机，用于焊接锯条。参照以下步骤进行锯条的焊接，特殊焊机或步骤请查阅生产说明书。

1）用内置研磨机将锯条两端磨成直角（见图 3-24）。

2）根据锯条宽度设置焊接力度（见图 3-25）。

3）清理焊机夹钳并夹紧锯条，确保两端无缝相接（见图 3-26）。

4）压住并握紧焊机手柄，焊接时不要直视，防止火花伤及眼睛（见图 3-27）。焊接时，继续夹紧夹钳，使锯条两端始终连接在一起。

5）由于夹钳始终夹住锯条，在松开焊机手柄前要先松开夹钳（见图 3-28）。否则，焊接处会在冷却前裂开，夹钳也会受损。

6）检查两侧的焊接处是否一致（见图 3-29）。

7）重新夹紧锯条，按下退火按钮，直至锯条呈暗红色（见图 3-30）。退火处理可将焊接时变脆的锯条软化。如果锯条未经退火处理，安装到机床上时易发生断裂。

8）弯曲焊接的锯条，检查焊接强度。

9）用机床的研磨机去除焊接火花，否

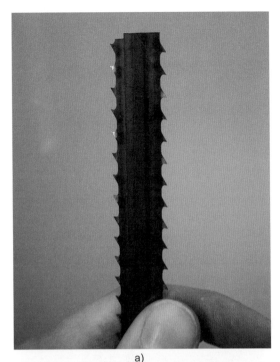

a)

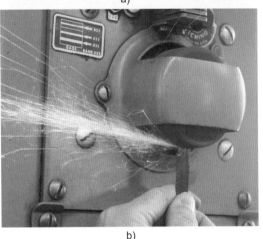

b)

图 3-24　a）研磨前使锯齿相对，这样在焊接时，即使底部没有呈直角也能对齐 b）用研磨机磨平底部

则锯条不能与机床完全匹配。不要磨到锯齿，避免将锯条磨得过薄。用机床的厚度规检查锯条焊接处的厚度（见图 3-31）。

注　意

焊接时眼睛不要直视操作处。

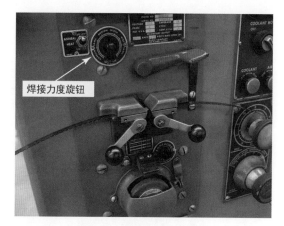

焊接力度旋钮

图 3-25　根据锯条宽度选择合适的焊接力度

图 3-28　松开焊机手柄前先松开夹钳，避免焊接处断裂和损坏夹钳

图 3-26　锯条两端相接，用焊机夹钳夹紧

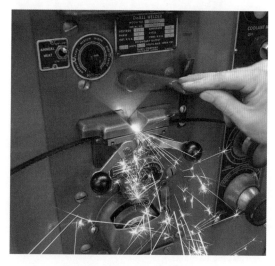

图 3-27　焊接操作时压住并握紧焊机手柄

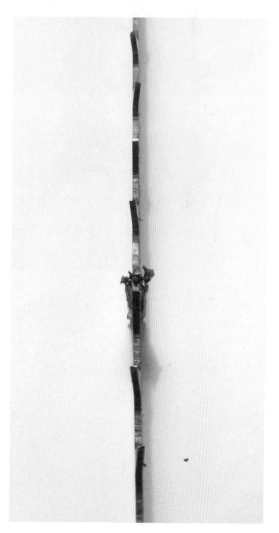

图 3-29　正确焊接的锯条两面都有焊接火花

图 3-30 加热锯条呈暗红色，进行退火处理

图 3-31 使用厚度规检查锯条焊接处的厚度

3.6 锯条的装卸

锯条经过焊接后，根据以下步骤拆除旧锯条，并安装新锯条。

1）关闭主电源，拔出锯条。

2）松动上带轮，松开锯条（见图3-32）。

3）卸下锯条，放于合适的储存处。戴

图 3-32 调节带锯张力曲柄，松开锯条

上手套，避免划伤。

4）卸除锯条导向装置。

5）将新锯条松散安装在带轮上，保证锯齿朝向机床操作台，锯条触碰支承辊。

6）调紧锯条，有的锯条有指示松紧度的计量表（见图3-33）。

图 3-33 该计量表显示的是正确的锯条张力。注意两个刻度，内刻度用于碳素钢锯条，外刻度用于复合钢材锯条。该图上是厚度为 1/2in 的碳素钢锯条的张力值

7）打开电源开关，慢慢开动机床（快速反复开关机床几次），以确保锯条进入带轮上的运行轨道。

8）再次关闭电源。

9）安装锯条导向装置。务必使用与锯条宽度对应的导向装置。锯齿部分要探出在外，否则锯路会磨损，而锯齿却起不到切割作用。如果锯齿部分探出过多，切割时会左右移动。锯齿和导向装置之间的距离应介于 0.001~0.002in 之间。安装导向装置时，确保锯条没有偏向任何一边，要保持垂直，否则会产生弯曲的切割。图 3-34 所示为导向装置的正确安装过程。

3.7　切割速度

锯削加工前一定要先确定锯条的切割速度。如果选取的速度不恰当，不仅有安全隐患，还会导致加工精度不准确，降低锯条使用寿命，甚至造成机床受损。通常在带锯机床上有产品信息的详细说明，如切割速度等。通过查询这些信息，可以计算出加工某厚度的材料时所需的齿距以及所需的切割速度。像铝这样的软金属所需的切割速度要比钢材等硬金属所需的切割速度高。决定切割速度的两个因素是材料硬度和锯条材质。带锯机床切割速度的单位是每分钟表面尺数（SFPM）或每分钟尺数（FPM），即 1min 内 1ft 锯条运动的距离。切割速度的设置要参照产品说明书。有的锯条通过几个滑轮来设置切割速度，而有的锯条则有几种不同的设置方式（见图 3-35）。

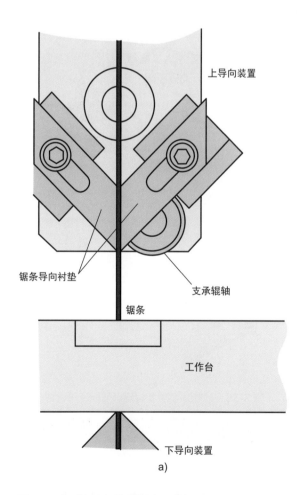

上导向装置

锯条导向衬垫

支承辊轴

锯条

工作台

下导向装置

a)

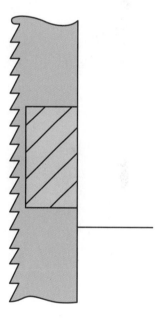

b)

图 3-34　导向装置的正确安装过程

a)

b)

图 3-35　a）典型立式带锯机床切割速度的设置，调节手柄，选择速度范围，该传动装置是中等速度范围　b）调节速度设置滑轮，直到表盘上显示所需的速度值。因为该传动装置是中等速度范围，该机床的速度设置为 450ft/min

3.8　砂轮锯

切割金属，尤其是硬质材料时，金属锯条并不一定是最好的选择。这时可选择砂轮锯，也称为砂轮切割机，如图 3-36 所示。砂轮锯的高速电动机上有一个用来切割的砂轮片，上面装有调节杆。砂轮片与砂轮很像，由黏合磨料颗粒制成。每一个磨料颗粒就是一个小的切割边缘，可以快速进行切割。砂轮锯会产生大量粉尘和火花，不利于车间的其他机床。它也可以给工件加热。砂轮锯常用于工件加工，但更多用于焊接和装配的操作过程。

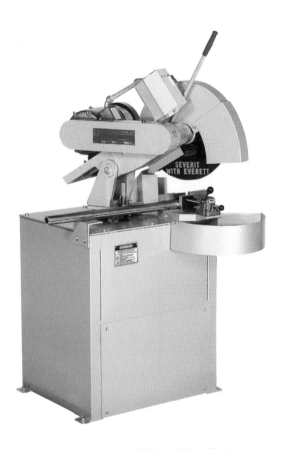

图 3-36　砂轮锯或切割锯能够切断硬质钢材

注　意

使用砂轮锯时要佩戴防尘面具，防止吸入粉尘。

3.9 圆形金属切割锯（冷锯）

圆形金属切割锯也是一种圆形锯，看起来好像大型的砂轮锯。这种锯正好弥补了砂轮锯的不足，因为它采用的是金属材料制成的锯片，而不是研磨效率高的锯片。由于圆形金属切割锯的切割速度较低，产生的是卷曲的金属碎屑，而不是粉尘，因此切割时的温度更低，不会影响工件的热处理，并且加工精度更高。在某些应用中，这种锯床的优势甚至超过带锯机床，如加工表面精度高，锯片更加稳定，锯削厚度小的材料时锯齿的磨损较小。很多圆形金属切割锯切割长度和角度的误差在 0.005in 左右。圆形金属切割锯可采用高速工具钢制成的锯片或者带有镶齿的锯片。图 3-37 所示为圆形金属切割锯。

图 3-37　圆形金属切割锯加工误差在 0.005in 左右，不会像砂轮锯一样产生大量热量

手持工件磨削

第4章

4.1 简介

磨削机器是对工件表面上方的磨具施加压力来切削金属的一种机械装置。磨削机器使用的磨具通常是砂轮、砂带或砂盘。磨具能加工其他机械无法加工的淬硬钢。

需要磨削的工件通常需要手持，因此这种操作也称为"手持研磨"。由于磨削操作去除材料的过程都是手持完成的，所以需要手、眼的高度配合以及灵敏的手动操作。而加工时手掌和手指很接近旋转的砂轮，所以操作人员要高度警惕安全问题。

4.2 砂轮机的使用

工厂磨削加工中最常使用的是立式砂轮机和台式砂轮机（见图4-1）。两种砂轮机的唯一区别是台式砂轮机体积较小，且需要在工作台上使用。立式砂轮机体积较大，有一个基座，通常被安装在地面上。立式砂轮机和台式砂轮机多用于磨削高速工具钢车刀和钻头，也可用于重复磨削冲头和錾子，或去除这些工具底端的凸起，保证生产的安全性。磨钝的螺钉旋具头重新磨削后就能够准确匹配螺钉的螺纹槽。去除较重的毛刺也可以使用砂轮机。立式砂轮机前端有一个水盒，用于冷却磨削时温度过高的工件。立式磨床只可加工黑色金属，加工有色金属会使砂轮阻力过大，不能有效加工。

另一种磨削机器是工具磨床（见图4-2）。工具磨床有可调节的刀架，能够调节不同角度。工具磨床常用于加工车床的切削刀具，但只可加工黑色金属和硬质合金刀具，而且要使用不同类型的砂轮。有的工具磨床具有冷却系统，可以在加工过程中冷却刀具和砂轮。

a)

b)

图 4-1 a）立式砂轮机 b）台式砂轮机

图 4-2 工具磨床有可调节的刀架，常用于加工车床刀具，分为立式和台式两种

4.3 砂带机和砂盘机的使用

砂带机和砂盘机去除材料的速度比立式磨床的速度慢，因此常用于去除较小的毛刺。黑色金属和有色金属都可用于砂带机和砂盘机。图 4-3 所示为砂带机和砂盘机。

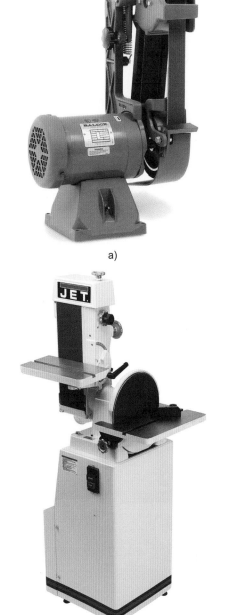

a)

b)

图 4-3 a）轻型砂带机　b）重型砂带和砂盘机

4.4 砂轮

砂轮有很多类型，用于不同的操作。砂轮的安装孔边缘有缓冲垫，上面标注着该砂轮的特性。缓冲垫是一块圆形垫片，位于砂轮的中心部位，对砂轮的安装起缓冲作用，同时也标明了砂轮的特性信息。选择用于精加工的砂轮需要考虑很多因素，而用于手动加工时只需要考虑以下四个主要因素：磨料种类、粒度（粗糙度）、砂轮尺寸（直径、孔直径和宽度）、最大轮速。图 4-4 所示为砂轮缓冲垫和上述四种因素的信息标注，以下内容会做详细解释。

图 4-4 砂轮缓冲垫显示了砂轮的主要信息，如磨料种类、粒度、砂轮尺寸和最大轮速

4.4.1 磨料种类

砂轮的用途不同，制作砂轮的磨料也不同。立式磨床砂轮的常用材料是氧化铝和碳化硅。氧化铝是最常见的，用于制作磨削黑色金属的砂轮。氧化铝砂轮呈灰色，可用于立式磨床、台式磨床和工具磨床。图 4-5 所示为氧化铝砂轮。碳化硅砂轮用于磨削极其坚硬的硬质合金刀具以及有色金属。碳化硅砂轮呈绿色，常用于工具磨床。图 4-6 所示为碳化硅砂轮。工具磨床上也可使用金刚石砂轮，用于硬质合金刀具的精加工。硬质合金是唯一可使用金刚石砂轮加工的材料。图 4-7 所示为金刚石砂轮。砂轮缓冲垫上磨料种类的标注可参考图 4-4。

图 4-5　氧化铝砂轮

图 4-6　碳化硅砂轮

图 4-7　金刚石砂轮

4.4.2　砂轮粒度 （磨粒粒度）

立式砂轮机上可安装两个砂轮，两边各一个。一般情况下，粗砂轮用于粗加工（去除材料多，表面粗糙度高），而精砂轮用于精加工（去除材料少，表面粗糙度低）。砂轮生产厂商用磨粒通过标准筛网的孔眼数来区分粒度号。常见的粒度号是 24、36、60、80、120。粒度号越小，砂轮越粗糙；粒度号越大，砂轮越精细。根据加工任务选择砂轮的粒度号。用于台式磨床和立式磨床的粗砂轮一般粒度号是 36，精砂轮粒度号一般是 60 或 80。粒度号的标注可参考图 4-4。

4.4.3　砂轮尺寸

选择砂轮时需要考虑的另一个因素是尺寸。砂轮的尺寸包括三项：直径、宽度和安装孔直径。生产厂商会在机械装置的操作手册上标注建议使用的砂轮的尺寸，该尺寸与砂轮缓冲垫上的尺寸必须相匹配。缓冲垫上尺寸的标注可参考图 4-4。如果安装孔直径大于主轴直径，那么可以使用衬套减小开口尺寸。图 4-8 所示为砂轮和衬套。

图 4-8　通过衬套，砂轮可安装在较小的机床主轴上

4.4.4　最大轮速

砂轮的以上要素均符合要求时，就要

考虑砂轮在磨床上运转的速度。高速旋转的砂轮会产生巨大的离心力，如果砂轮无法承受，那么它将会碎裂并飞溅出去。同样，机械装置的操作手册或铭牌上需要标注出该装置的最大轮速。机械装置的转速不要超过砂轮缓冲垫上标注的最大轮速。最大轮速的标注可参考图 4-4。

图 4-9 典型立式砂轮机的主要组成部分

注　意

务必确保砂轮的最大轮速不要小于磨床的加工速度。最大轮速要标注在砂轮缓冲垫上。

4.4.5 砂轮的储存

砂轮的材质很脆，容易碎裂，这一点很重要。砂轮储存时要用衬垫隔开，防止损坏。此外，要求砂轮不准存放于以下的环境中。

暴露于水或其他溶剂中。

使砂轮表面潮湿或凝结的温度或湿度。

零度以下。

4.5 立式砂轮机的安装

砂轮选择完成后，就要检查并安装在砂轮机上。在开始磨削之前，需要调节几个地方。首先了解一下砂轮机的几个主要部分，如图 4-9 所示。砂轮机安装部分内容之后会进一步讨论。

4.5.1 砂轮的粗略检查

在安装砂轮之前，要进行粗略检查，保证砂轮在磨削、储存和运输的过程中没有发生碎裂的危险。砂轮粗略检查的方法是用手指或其他物体将砂轮撑起，用非金属物体，如螺钉旋具柄部，敲击砂轮，砂轮应当发出清脆的声音（而不是钝闷的声音）。通过粗略检查的砂轮即合格，而不能通过粗略检查的砂轮则存在碎裂的危险。图 4-10 所示为砂轮的粗略检查。

图 4-10 撑起砂轮，用非金属物体敲击砂轮，进行粗略检查，砂轮发出清脆的声音即合格，钝闷的声音则说明砂轮有损坏，不可安装在磨床上

注　意

不要再次使用掉落下来的砂轮。损坏、碎裂的砂轮应当摒弃销毁。

4.5.2　砂轮的安装

砂轮的两面都有缓冲垫，虽然看起来并不重要，但它们却是砂轮很好的防护装置。当砂轮在磨床上夹紧时，它们可以起到缓冲的作用，减小砂轮由于夹持过紧而碎裂的概率。

大多数立式砂轮机上都有两个较厚的、精密的、像水磨一样的圆盘，称为砂轮座（见图 4-11），用于分散砂轮的夹紧力。砂轮座的尺寸要准确，要与缓冲垫完全贴合，并且两边各一个。当卸载或安装砂轮时，要注意一点，左边的主轴是左旋螺纹，右边的主轴是右旋螺纹，这样装配螺母才不会松动。在拧紧或松动螺母时，一定会使用扳手，因此可以垫一块木片增加摩擦力，避免拆卸旧砂轮和安装新砂轮时，砂轮发生旋转（见图 4-12）。安装新砂轮时要注意提供足够的力矩，保证砂轮安装牢固。力矩的大小可参考机器的操作手册。一定要还原和调节防护装置、托架和挡屑板。

图 4-12　在拧紧或松动螺母时，需要垫一块木片，防止砂轮转动

注　意

起动砂轮机时，要站在侧边，以免安装时压力过大导致砂轮碎裂。使用前要让砂轮旋转 1min，确保砂轮的完整性和安全性。

4.5.3　托架与调整

由于立式砂轮机是手动操作的，因此在砂轮的前方有一个小平台，用以放置工件，这种设备称为托架。托架可在磨削过程中支承工件，可以调节不同角度，磨削曲面工件。安装完砂轮后，调节托架与砂轮表面的距离在 1/16in 以内，如图 4-13 所示。

砂轮座

图 4-11　立式砂轮机上的砂轮座能均匀分散砂轮的夹紧力，在砂轮和砂轮座之间一定要使用缓冲垫

注　意

拆卸和安装砂轮之前一定要断开电源。

图 4-13　托架与砂轮间的距离在 1/16in 以内。要等砂轮完全停止转动以后再调整距离

注 意

托架与砂轮表面之间的距离不要超过1/16in，以免工件在托架与砂轮之间干涉。砂轮磨削时，这个距离会变大，这时就需要调整托架。调整托架之前一定要使磨床停止运转。

4.5.4 挡屑板与调整

由于磨削时产生的摩擦，金属碎屑具有很高的温度，呈橙色，因此称为"火花"。刚刚产生的火花温度极高，而后逐渐冷却，变回金属原色。火花产生后，容易缠绕在转动中的砂轮周围，从砂轮上方迸射到操作人员的手持位置。一种称为挡屑板（有时也称为火花防护板）的设备能够捕捉到大部分的火花，避免伤及操作人员的双手。

挡屑板与砂轮间的距离也应在1/16in以内，与托架的距离一样。将其调整好能避免火花溅到手背上，也能保证砂轮损坏时不会发生位置改变。图4-14所示为调整好的挡屑板。

4.5.5 砂轮修整

新的砂轮需要修整，因为新砂轮运转时圆周上会有小的凸起，运转不够平稳，会导致磨削不均匀，也会使机器发生振动。手动磨削虽然也不够平稳，但是却能保证砂轮转动时圆心位置不会跳动，加工的表面精度也更高，还能够避免机器振动。砂轮整形器，也称为星形整形器，用来修整氧化铝砂轮。

修整砂轮时，将砂轮整形器安装在托架上，施加足够的压力使砂轮整形器从砂轮表面切削下多余材料。然后反复调整砂轮整形器，直到砂轮的圆周能完全接触到砂轮整形器表面。保证砂轮圆周的两条边都能接触到砂轮整形器表面的一半。如果砂轮整形器接触不到圆周的两边，会导致两边被磨圆，

图4-14 挡屑板与砂轮间的距离也应在1/16in以内，要等砂轮完全停止转动以后再调整距离

圆周表面就不再是平面了。图4-15所示为用砂轮修整器修整砂轮的方法。

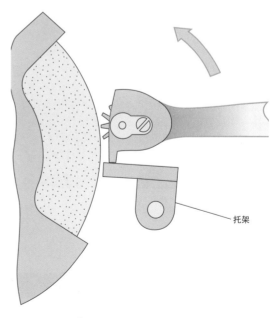

托架

图4-15 修整砂轮时，将砂轮整形器放在托架上，抬起手柄，使之与砂轮接触，然后调整整形器，修整砂轮圆周两边，修整砂轮时一定要佩戴护面罩

4.5.6　砂轮磨损

砂轮使用越多，磨损就越大。砂轮磨损后，要用锐利的新粒替换掉磨损的钝粒。有时完成磨削后，砂轮表面的某处会出现凹陷，这时可以修整砂轮，去除凹陷，使砂轮表面更平滑。

4.5.7　砂轮堵塞

用立式砂轮机加工软金属时，金属屑会粘在砂轮表面，使砂轮的钝粒无法被使用，这样就会导致砂轮的加工效率降低。这种情况称为砂轮堵塞。图 4-16 所示为一个堵塞的砂轮。砂轮修整能够去除堵塞的材料，提高砂轮的加工效率。继续使用堵塞的砂轮需要较大压力，并产生过多热量，使工件变色，以致影响操作人员手持操作的效果。

图 4-16　加工软金属会使砂轮堵塞注意图中粘在砂轮表面的金属碎屑

4.5.8　砂轮研磨

用立式砂轮机加工硬金属时，砂轮的磨粒会很快变钝，这也会降低砂轮的加工效率。这种情况称为砂轮研磨。图 4-17 所示为一个研磨的砂轮。砂轮修整能去除表面的研磨，提高砂轮的加工效率。继续使用研磨的砂轮（与堵塞的砂轮类似）需要较大压力，并产生过多热量，使砂轮表面灼烫。

图 4-17　加工硬金属会使砂轮磨损，对比图中的砂轮表面与正常砂轮表面的光泽

4.6　磨削过程

使用立式磨床前，要先检查托架和挡屑板，保证它们与砂轮间的距离在 1/16in 以内，并且安装牢固。

砂轮机起动后，一定要站在一侧，砂轮达到转速后等待大约 1min，确保砂轮运转安全。磨削时也要站在磨床的一侧。使用托架夹持工件。磨削的压力要适度，压力过大会导致工件快速升温。如果工件温度过高，将其浸入水里冷却。如果使用车床刀具、钻头、錾子等，不要使它们温度过高而变色，这会影响它们的硬度，也会减少使用寿命。

一定要用砂轮的表面磨削，而不要用侧边磨削，因为砂轮侧边的受压性能差。如果砂轮发生堵塞、磨损，要对砂轮进行修整。图 4-18 所示为磨床的正确使用方法。

图 4-18　使用立式砂轮机磨削的正确方法：站在磨床的一侧，手部远离砂轮，用托架夹持工件。

注　意

一定要等砂轮完全停止转动后再对磨床进行调整。

注　意

不要使刀具的尖端卡在砂轮和托架之间。螺钉旋具、錾子、冲头要朝上使用，避免发生危险。使用立式磨床时不要戴手套，也不要在磨床上使用抹布。

第5章 | 钻孔、攻螺纹、套螺纹和铰孔

5.1 简介

在钳工工作台上，使用一些便携的手动工具就可以完成孔的加工及维修，以便使用紧固件、销以及轴。

5.2 钳工孔加工操作

钻削是使用一端刃磨过的圆柱形旋转刀具加工孔的一种操作，是效率最高的一种孔加工方式。钻头可以安装在手动操作的钻头电动机上，也就是电钻。

5.2.1 麻花钻

手动钻削通常使用麻花钻。麻花钻的钻身有螺旋形的凹槽，称为螺旋槽，看起来像麻花纹路一样缠绕在一起（见图5-1）。钻削产生的碎屑可以从螺旋槽排出。

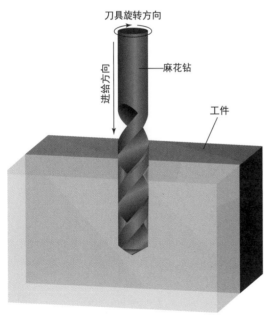

图5-1 麻花钻的螺旋槽可帮助排出碎屑

麻花钻根据直径的大小分为不同规格，有四种标注形式：字母、数字、分数、米制。

字母标注的钻头型号为"A"（0.2340in）～"Z"（0.4130in）。

数字标注的钻头型号为 #1 (0.2280in)~#80(0.0135in)。

分数标注的钻头型号为 1/64~2.5in。

米制标注的钻头型号为 0.50~32mm。

需要注意的是，尽管钻头的型号是固定的，麻花钻加工出来的孔的直径却略大于钻头本身的直径，而多出数值却取决于很多变量，如钻头的使用情况、工件的材质以及加工方法等。通常来说，一个刃磨良好、直径小于 1/2in 的钻头所加工出来的孔的直径不会多过钻头直径 0.004in。在选择钻头时也需要考虑这个问题。

5.2.2 钻削加工过程

在开始钻孔之前，建议先用中心冲将孔定位，以免在钻削时钻头发生位置偏离。中心冲的凹痕用来维持旋转中的钻头的位置，直到钻透工件。如果孔定位的精准度要求更高，那么（在使用中心冲之后）需要使用一个短小一些的特殊钻头来加工。这类钻头主要有两种，一种是定心钻，一种是复合中心钻（中心钻）（见图5-2）。当孔被"定心"之后，就可使用麻花钻来完成接下来的操作（见图5-3）。麻花钻本身不能钻透工件材料，因此在操作时需要手动施加一定的压力。钻削过程中要始终保持钻头与工件表面的夹角。随着切屑变长，可减小手部压力，使切屑断裂并排出，避免积屑，造成人员伤害。

图5-2 复合中心钻（上），定心钻（下），这两种钻都可用于孔定位，防止麻花钻位置偏离

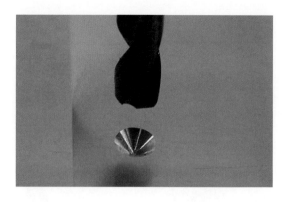

图 5-3　定心钻所加工的孔，接下来可用麻花钻继续加工

当钻削一个通孔时，要注意钻头在穿透工件下表面时会产生"转动"的现象，这时钻头会带动工件或钻头本身旋转起来。工件材料越薄、越软，钻头"转动"的现象就越明显。要想减轻"转动"的现象，在穿透工件下表面前减轻压力。

> **注　意**
>
> 不要用手握持工件，一定要用合适的夹钳或台虎钳将工件夹持在工作台上（见图 5-4）。随着钻头接近工件下表面，钻头即将穿透时，减轻手上的压力，以减轻"转动"的现象。

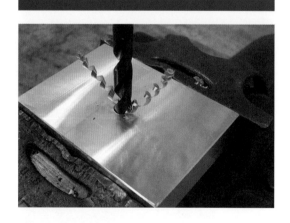

图 5-4　在已夹持好的工件上加工孔

5.2.3　扩孔、锪孔和埋头孔

除了加工普通的孔，有时也需要对孔进行修理。扩孔可将孔顶端直径扩大到一定深度，使螺栓头或螺母能够埋进孔内，与工件表面齐平（见图 5-5）。扩孔钻

的钻头有一个导向部分，用于保证钻头与孔对齐。导向部分的直径应当小于孔直径 0.003~0.005in。如果差值部分过小，钻头会在孔内卡住；如果差值部分过大，钻头在孔内就会不稳定。图 5-6 所示为不同类型的扩孔钻。

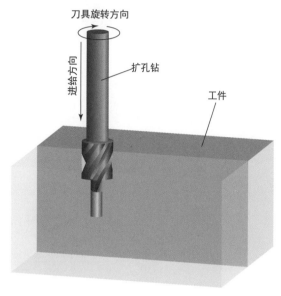

图 5-5　用扩孔钻加工用于螺栓头或螺母的孔

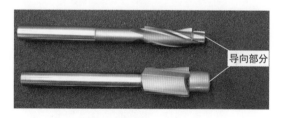

图 5-6　不同类型的扩孔钻

埋头孔是指在孔口处加工出一个浅口以便螺栓、螺母或垫圈在紧固时可以适当地固定，扩孔钻就能够完成这项操作。图 5-7 所示为一个扩孔和一个埋头孔。

锪锥孔是加工一个呈圆锥形的孔口，使紧固后的平头螺钉头可以齐平工件表面。也可在孔口加工一个倒角，便于拧进螺栓、拔出螺钉以及毛刺的去除等操作。锪钻的钻尖夹角有 60°、82°、90°、100° 等几种。

图 5-8 所示为不同类型的锪钻。钻尖夹角为 82° 的锪钻用于标准的平头螺钉（见图 5-9）。

图 5-7 工件上的扩孔和埋头孔，螺栓头可进入扩孔内部，而埋头孔内的螺栓头只能齐平工件表面，两种孔可用同一种刀具加工出来

图 5-8 不同类型的锪钻

图 5-9 82°锪钻加工的锪孔的横截面以及孔内的平头螺钉

5.2.4 铰孔加工

铰孔是将孔精加工到一定尺寸的操作过程，加工后的表面精度高。铰孔操作使用的刀具称为铰刀。小于所需加工尺寸的孔需要先钻削加工。可用钻床驱动铰刀，但由于铰刀加工时只去除很少的材料，因此也可以手动操作。电力驱动的铰刀称为机用铰刀或直柄机用铰刀，手动操作的铰刀称为手用铰刀。

5.2.5 直柄机用铰刀

机用铰刀有多种规格，钳工操作中使用的直柄机用铰刀可直接安装在钻床上。

通用型的直柄机用铰刀上有直槽。螺旋槽铰刀适用于铰削不规则的孔，如带有键槽、凹槽的孔。机用精铰刀有较长的排屑槽，用于加工深孔。这种铰刀的切削刃位于底部，因此只有底部可以切削。图5-10 所示为一些直柄机用铰刀。

图 5-10 直柄机用铰刀的直槽和螺旋槽

5.2.6 手用铰刀

手用铰刀是用于手动操作的，有一个用于安装在铰杠上的驱动平面。专门用于攻螺纹操作的双柄设计用于使用手用铰刀。手用铰刀的切削刃在圆周上，而不在底部。图 5-11 所示为使用中的手用铰刀。有的手用铰刀具有直槽，有的具有螺旋槽，都可用于加工不规则的孔。

图 5-11 使用中的手用铰刀

通用型铰刀用于孔尺寸的精加工，排屑槽长度的 1/3~1/2 略呈锥形，便于将铰刀插入孔内。

伸缩式铰刀的刀身上有凹槽缝隙，因此当旋紧底部的调节螺钉时，刀身可调节至其他规格。

可调节式铰刀与伸缩式铰刀相似，但是结构不同，可调节的尺寸更大。刀身有螺纹，并有锥形槽，用于安装刀片。有两个可调节螺母用于夹紧刀片。调节铰刀直径时，松动一颗螺母，旋紧另一颗螺母，使锥形槽中的刀片倾斜。刀片向手柄倾斜，可增大铰刀直径；刀片向刀尖倾斜，可减小铰刀直径。

锥形铰刀用于在直孔内加工出尺寸精准的锥形，便于在孔内使用锥形销。图 5-12 所示为一些手用铰刀。

图 5-12 一些手用铰刀，包括通用型螺旋槽铰刀、伸缩式铰刀、可调节式铰刀、锥形铰刀，注意手柄底部呈方形，便于操作使用

5.2.7 铰刀的使用

在铰削加工之前需要先对孔进行钻削加工，留有一小部分余量用于铰削的操作。如果使用机用铰刀，那么钻削后孔的余量应当为以下数值（注意，如果使用麻花钻，加工孔的尺寸通常略大）。

孔尺寸小于 1/4in，余量为 0.01in。

孔尺寸在 1/4~1/2in 之间，余量为 0.015in。

孔尺寸在 1/2~1½in 之间，余量为 0.025in。

操作时要使用与材料相符的切削液。铰刀的加工速度应该是钻削时转速的一半，进给速度是钻削时速度的两倍。

当使用手用铰刀时，铰削下的材料要尽量少，习惯上孔内余下的材料尺寸为 0.001~0.008in。用扳手顺时针旋转铰刀，以保证铰刀旋转方向的准确性。可以用直角尺检查铰刀与工件是否垂直，也可使用带有直角平面的槽块来检查垂直度。铰削时缓缓向孔内推动铰刀。在退出铰刀时也要保持顺时针旋转。向后转动铰刀会使切削刃磨损。图 5-13 所示为手动铰削的操作过程。

选择一把合适的铰刀，安装在铰杠上

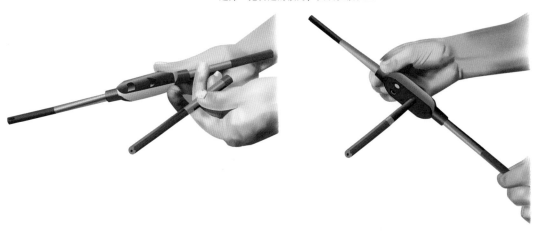

在孔内顺时针旋转铰刀，并用直尺检查铰刀与工件表面的垂直情况；铰削时向下轻压，并顺时针旋转；要频繁检查垂直情况

当铰刀穿透工件并能够轻松旋转时，操作即完成，退出铰刀时也要保持顺时针方向旋转

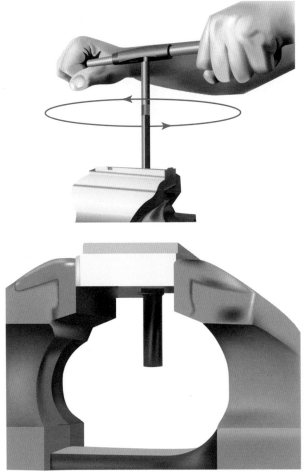

图 5-13　手动铰削的操作过程

铰刀是精加工的刀具，需要小心使用。保存时不要将铰刀互相叠放，因为切削刃锋利，任何轻微碰撞都可使铰刀损坏。铰刀可以存放在纸板箱内，最理想的储存方式是放于塑料管筒内。

5.3　套螺纹与攻螺纹

螺纹是沿外直径或内直径的螺旋凹槽。外螺纹可用刀具在工件的外部直径上加工，这种刀具称为板牙。

丝锥用于加工工件内螺纹（见图5-14）。

a)

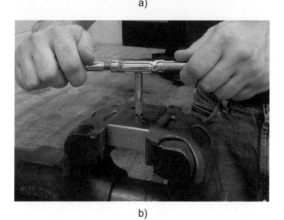

b)

图 5-14　a）用板牙加工外螺纹 b）用丝锥加工内螺纹

螺纹可以使相匹配的零件紧固在一起，可用于力的传递或测量工具的安装。如今使用的大部分刀具和设备都需要螺纹紧固件来连接。机械加工中几乎每天都会接触到螺纹紧固件，所以必须了解螺纹的构成

及制造原理。

5.3.1　基本螺纹术语

很多时候在世界上某一个地区生产的零件需要在另一个地区使用，因此需要统一螺纹的标准，包括型号、规格、公差、极限、种类以及匹配精度，如英制螺纹的统一螺纹标准（UTS）规定了型号（形状）和规格。米制螺纹也有标准，称为 ISO 米制螺纹系统，有时简称为 M 系列螺纹。这两种螺纹标准都以 60°V 形螺纹为标准参照。

国家标准规定螺纹和 M 螺纹有几个重要参数，如图 5-15 所示，详细解释如下：

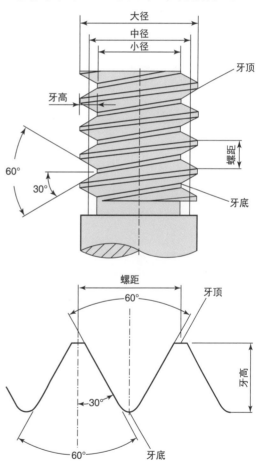

图 5-15　60°V 形螺纹的各部分名称

大径是螺纹的最大直径。

牙顶是螺纹的尖端，是测量大径尺寸的两个端点。

小径是螺纹的最小直径。小径的长度

是螺纹两端牙底之间的距离。

牙底是螺纹两个顶点之间凹陷处的最低点，是测量小径的两个端点。

每英寸螺纹数（TPI）是每英寸工件长度内的螺纹数量（只限英制螺纹）。

螺距是一个顶点与相邻顶点之间的距离。英制螺纹的计算是 1 除以 TPI，即 1/TPI= 螺距。

导程是螺纹旋转一周的直线间的距离。

螺纹中径是螺纹凸起与沟槽相等时的一种虚拟圆柱的直径，用于决定两种螺纹之间的配合性。

牙高是螺纹牙顶与牙底之间的距离。

根据不同的用途，配合件之间要求的螺纹松紧度也不同，也就是不同的配合精度。英制螺纹的配合精度为 1~3 级，3 级的精度最高。决定配合精度的是螺纹中径。

在螺纹系统中，不同的直径对应不同的螺距，这称为螺纹系列。对于公称直径来说，螺纹系列规定了粗牙螺纹与细牙螺纹的组合（也有一些超细牙螺纹组合）。粗牙螺纹的顶点之间的距离较大（TPI 较小），而细牙螺纹的顶点之间的距离较小（TPI 较大）（见图 5-16）。

图 5-16 相同公称直径的粗牙螺纹与细牙螺纹

5.3.2 螺纹的型号

1. 英制螺纹的型号

螺纹的型号也是标准化的，用以标注螺纹的规格、形状和配合精度。在英制螺纹中，第一个数字是公称直径。公称直径是目标直径的一个约数。大多数外部大径略小于（内部大径则略大于）公称直径。例如：如果螺纹的大径在 0.495~0.498in 之间，那么它的公称直径就是 0.500in 或 1/2in。第二个数字是每英寸的螺纹数。后边的大写字母"UN"是国家统一型号的首字母缩写。C 是 coarse（粗牙）的缩写。F 是 fine（细牙）的缩写。接着是配合精度 1~3，其中 3 级的精度最高。A 和 B 分别代表外部螺纹（A）和内部螺纹（B）（见图 5-17）。例如：图 5-18 所示为一个典型 1/2-20 的螺栓和它的螺纹型号。该螺栓的公称直径是 1/2in，每英寸有 20 圈螺纹。它的螺纹是国家统一的细牙螺纹，是外部螺纹，配合精度为 2。

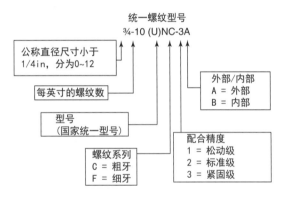

图 5-17 统一螺纹型号

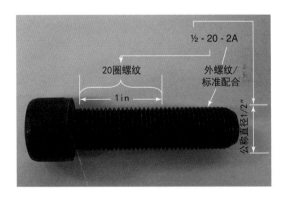

图 5-18 一个典型 1/2-20 的螺栓和它的螺纹型号

注意：国家统一标准螺纹系统用数字标注公称直径小于 1/4in 的螺纹直径，这些数字为 0~12。图 5-19 所示为它们的公称直径。

螺纹型号	公称直径/in
0	0.060
1	0.073
2	0.086
3	0.099
4	0.112
5	0.125
6	0.138
8	0.164
10	0.190
12	0.216

图 5-19　不同螺纹型号对应的公称直径

2. 米制螺纹型号

米制螺纹型号的第一个字母 M 表示米制，后边第一个数字表示公称直径，第二个数字表示螺距，单位为 mm（见图 5-20）。例如：图 5-21 所示为一个典型的 M14×1.5 螺栓和它的螺纹型号。该螺栓的公称直径是 14mm，1.5mm 内的螺纹数是 1。

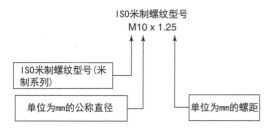

图 5-20　米制螺纹的螺纹型号

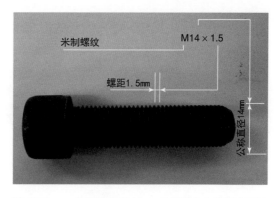

图 5-21　一个典型的 M14×1.5 螺栓和它的螺纹型号

5.3.3　攻螺纹

在攻螺纹之前，需要先钻削出一个直径略小于丝锥大径的孔。这个操作所留下的材料余量足够攻出合适的螺纹形状和尺寸。

如果钻孔尺寸太小，丝锥就很难转动，会导致丝锥折断。如果钻孔太大，丝锥仍然可以加工出螺纹，但是螺纹的高度小、强度差。高度为 100% 的螺纹比高度为 75% 的螺纹强度略大一些。螺纹部分高度与绝对高度的比值称为螺纹高度比（见图 5-22）。

攻螺纹前选用合适大小的钻头钻底孔。图 5-23 所示为普通螺纹型号螺纹所对应的钻头尺寸。大多数攻螺纹表所提供的参照规格适用于加工高度为 75% 的螺纹。很多高度为 60% 的螺纹加工时的强度损耗最小。

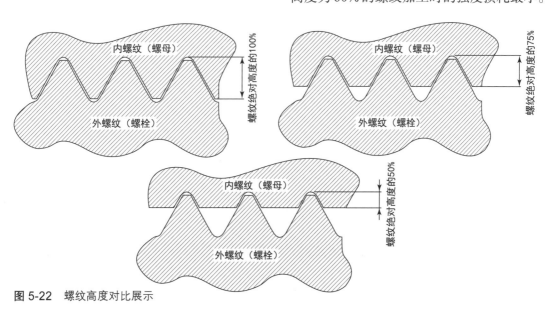

图 5-22　螺纹高度对比展示

Starrett®

英制/米制尺寸对照表

精密、优质、创新...
自1880年以来

分数钻头	钻头尺寸	等值小数	丝锥尺寸
	80	0.0135	
	79	0.0145	
1/64		0.0156	
	78	0.0160	
	77	0.0180	
	76	0.0200	
	75	0.0210	
	74	0.0225	
	73	0.0240	
	72	0.0250	
	71	0.0260	
	70	0.0280	
	69	0.0292	
	68	0.0310	
1/32		0.0312	
	67	0.0320	
	66	0.0330	
	65	0.0350	
	64	0.0360	
	63	0.0370	
	62	0.0380	
	61	0.0390	
	60	0.0400	
	59	0.0410	
	58	0.0420	
	57	0.0430	
	56	0.0465	
3/64		0.0469	0 - 80
	55	0.0520	
	54	0.0550	
	53	0.0595	1 - 64, 72
1/16		0.0625	
	52	0.0635	
	51	0.0670	
	50	0.0700	2 - 56, 64
	49	0.0730	
	48	0.0760	
5/64		0.0781	
	47	0.0785	3 - 48
	46	0.0810	
	45	0.0820	3 - 56
	44	0.0860	
	43	0.0890	4 - 40
	42	0.0935	4 - 48
3/32		0.0938	
	41	0.0960	
	40	0.0980	
	39	0.0995	
	38	0.1015	5 - 40
	37	0.1040	5 - 44
	36	0.1065	6 - 32
7/64		0.1094	
	35	0.1100	
	34	0.1110	
	33	0.1130	6 - 40
	32	0.1160	
	31	0.1200	
1/8		0.1250	
	30	0.1285	
	29	0.1360	8 - 32, 36
	28	0.1405	
9/64		0.1406	
	27	0.1440	
	26	0.1470	
	25	0.1495	10 - 24
	24	0.1520	
	23	0.1540	
5/32		0.1562	
	22	0.1570	
	21	0.1590	10 - 32
	20	0.1610	
	19	0.1660	
	18	0.1695	
11/64		0.1719	
	17	0.1730	
	16	0.1770	12 - 24
	15	0.1800	
	14	0.1820	12 - 28
	13	0.1850	
3/16		0.1875	
	12	0.1890	
	11	0.1910	

分数钻头	钻头尺寸	等值小数	丝锥尺寸
	10	0.1935	
	9	0.1960	
	8	0.1990	
	7	0.2010	1/4 - 20
13/64		0.2031	
	6	0.2040	
	5	0.2055	
	4	0.2090	
	3	0.2130	1/4 - 28
7/32		0.2188	
	2	0.2210	
	1	0.2280	
	A	0.2340	
15/64		0.2344	
	B	0.2380	
	C	0.2420	
	D	0.2460	
1/4		0.2500	
	E	0.2500	
	F	0.2570	5/16 - 18
	G	0.2610	
17/64		0.2656	
	H	0.2660	
	I	0.2720	5/16 - 24
	J	0.2770	
	K	0.2810	
9/32		0.2812	
	L	0.2900	
	M	0.2950	
19/64		0.2969	
	N	0.3020	
5/16		0.3125	3/8 - 16
	O	0.3160	
	P	0.3230	
21/64		0.3281	
	Q	0.3320	3/8 - 24
	R	0.3390	
11/32		0.3438	
	S	0.3480	
	T	0.3580	
23/64		0.3594	
	U	0.3680	7/16 - 14
3/8		0.3750	
	V	0.3770	
	W	0.3860	
25/64		0.3906	7/16 - 20
	X	0.3970	
	Y	0.4040	
13/32		0.4062	
	Z	0.4130	
27/64		0.4219	1/2 - 13
7/16		0.4375	
29/64		0.4531	1/2 - 20
15/32		0.4688	
31/64		0.4844	9/16 - 12
1/2		0.5000	
33/64		0.5156	9/16 - 18
17/32		0.5312	5/8 - 11
35/64		0.5469	
9/16		0.5625	
37/64		0.5781	5/8 - 18
19/32		0.5938	
39/64		0.6094	
5/8		0.6250	
41/64		0.6406	
21/32		0.6562	3/4 - 10
43/64		0.6719	
11/16		0.6875	3/4 - 16
45/64		0.7031	
23/32		0.7188	
47/64		0.7344	
3/4		0.7500	
49/64		0.7656	7/8 - 9
25/32		0.7812	
51/64		0.7969	
13/16		0.8125	7/8 - 14
53/64		0.8281	
27/32		0.8438	
55/64		0.8594	
7/8		0.8750	1 - 8
57/64		0.8906	
29/32		0.9062	

分数钻头	等值小数	丝锥尺寸
59/64	0.9219	
15/16	0.9375	1 - 12
61/64	0.9531	1 - 14
31/32	0.9688	
63/64	0.9844	1 1/8 - 7
1	1.0000	
1 3/64	1.0469	1 1/8 - 12
1 7/64	1.1094	1 1/4 - 7
1 1/8	1.1250	
1 11/64	1.1719	1 1/4 - 12
1 7/32	1.2188	1 3/8 - 6
1 1/4	1.2500	
1 19/64	1.2969	1 3/8 - 12
1 11/32	1.3438	1 1/2 - 6
1 3/8	1.3750	
1 27/64	1.4219	1 1/2 - 12
1 1/2	1.5000	

米制攻螺纹尺寸

米制丝锥	钻头/mm	小数/in
M1.6 x 0.35	1.25	0.0492
M1.8 x 0.35	1.45	0.0571
M2 x 0.4	1.60	0.0630
M2.2 x 0.45	1.75	0.0689
M2.5 x 0.45	2.05	0.0807
M3 x 0.5	2.50	0.0984
M3.5 x 0.6	2.90	0.1142
M4 x 0.7	3.30	0.1299
M4.5 x 0.75	3.70	0.1457
M5 x 0.8	4.20	0.1654
M6 x 1	5.00	0.1968
M7 x 1	6.00	0.2362
M8 x 1.25	6.70	0.2638
M8 x 1	7.00	0.2756
M10 x 1.5	8.50	0.3346
M10 x 1.25	8.70	0.3425
M12 x 1.75	10.20	0.4016
M12 x 1.25	10.80	0.4252
M14 x 2	12.00	0.4724
M14 x 1.5	12.50	0.4921
M16 x 2	14.00	0.5512
M16 x 1.5	14.50	0.5709
M18 x 2.5	15.50	0.6102
M18 x 1.5	16.50	0.6496
M20 x 2.5	17.50	0.6890
M20 x 1.5	18.50	0.7283
M22 x 2.5	19.50	0.7677
M22 x 1.5	20.50	0.8071
M24 x 3	21.00	0.8268
M24 x 2	22.00	0.8661
M27 x 3	24.00	0.9449
M27 x 2	25.00	0.9843
M30 x 3.5	26.50	1.0433
M30 x 2	28.00	1.1024
M33 x 3.5	29.50	1.1614
M33 x 2	31.00	1.2205
M36 x 4	32.00	1.2598
M36 x 3	33.00	1.2992
M39 x 4	35.00	1.3780
M39 x 3	36.00	1.4173

圆锥管螺纹尺寸（NPSC）

螺纹	钻头	螺纹	钻头
1/8 - 27	11/32	1 1/2 - 11 1/2	1 3/4
1/4 - 18	7/16	2 - 11 1/2	2 7/32
3/8 - 18	37/64	2 1/2 - 8	2 21/32
1/2 - 14	23/32	3 - 8	3 1/4
3/4 - 14	59/64	3 1/2 - 8	3 3/4
1 - 11 1/2	15/32	4 - 8	4 1/4
1 1/4 - 11 1/2	1 1/2		

a)

图 5-23　图 b 中两个表的丝锥尺寸旁边就是钻头尺寸以及对应的英寸（in）

丝锥/钻头 尺寸

丝锥尺寸		切削丝锥		挤压丝锥	
		钻头尺寸	对照数值	钻头尺寸	对照数值
0 - 80		3/64	0.0469	54	0.0550
	M1.6 × 0.35	1.25	0.0492	1.45	0.0571
	M1.8 × 0.35	1.45	0.0571	1.65	0.0650
1 - 64		53	0.0595	51	0.0670
1 - 72		53	0.0595	51	0.0670
	M2 × 0.40	1.60	0.0630	1.80	0.0709
2 - 56		50	0.0700	5/64	0.0781
2 - 64		50	0.0700	47	0.0785
	M2.2 × 0.45	1.75	0.0689	2.00	0.0787
	M2.5 × 0.45	2.05	0.0807	2.30	0.0906
3 - 48		47	0.0785	43	0.0890
3 - 56		46	0.0810	2.30	0.0905
4 - 40		43	0.0890	38	0.1015
4 - 48		42	0.0935	2.60	0.1024
	M3 × 0.50	2.50	0.0984	7/64	0.1094
5 - 40		38	0.1015	33	0.1130
5 - 44		37	0.1040	2.90	0.1142
	M3.5 × 0.60	2.90	0.1142	3.20	0.1260
6 - 32		36	0.1065	1/8	0.1250
6 - 40		33	0.1130	3.25	0.1280
	M4 × 0.70	3.30	0.1299	3.70	0.1476
8 - 32		29	0.1360	25	0.1495
8 - 36		29	0.1360	24	0.1520
	M4.5 × 0.75	3.70	0.1476	4.10	0.1614
10 - 24		26	0.1470	11/64	0.1719
10 - 32		21	0.1590	16	0.1770
	M5 × 0.80	4.20	0.1654	14	0.1820
12 - 24		16	0.1770	8	0.1990
12 - 28		15	0.1800	7	0.2010
	M6 × 1.00	5.00	0.1969	7/32	0.2188
1/4 - 20		7	0.2010	1	0.2280
1/4 - 28		3	0.2130	15/64	0.2340
	M7 × 1.00	6.00	0.2362	F	0.2570
5/16 - 18		F	0.2570	L	0.2900
5/16 - 24		I	0.2720	M	0.2950
	M8 × 1.25	6.70	0.2638	7.40	0.2913
	M8 × 1.00	7.00	0.2756	19/64	0.2969
3/8 - 16		5/16	0.3125	S	0.3480
3/8 - 24		Q	0.3320	T	0.3580
	M10 × 1.50	8.50	0.3346	U	0.3680
	M10 × 1.25	8.70	0.3425	9.40	0.3701
7/16 - 14		U	0.3680	Y	0.4040
7/16 - 20		25/64	0.3906	Z	0.4130

丝锥尺寸		切削丝锥		挤压丝锥	
		钻头尺寸	对照数值	钻头尺寸	对照数值
	M12 × 1.75	10.20	0.4016	11.20	0.4409
	M12 × 1.25	10.80	0.4252	11.50	0.4528
1/2 - 13		27/64	0.4219	15/32	0.4682
1/2 - 20		29/64	0.4531	12.25	0.4823
	M14 × 2.00	12.00	0.4224	33/64	0.5156
9/16 - 12		31/64	0.4844	17/32	0.5312
9/16 - 18		33/64	0.5156	13.50	0.5315
5/8 - 11		17/32	0.5312	14.75	0.5807
5/8 - 18		37/64	0.5781	15.25	0.6004
	M16 × 2.00	14.00	0.5512	19/32	0.5938
	M16 × 1.50	14.50	0.5209	15.25	0.6004
	M18 × 2.50	15.50	0.6102	39/64	0.6094
	M18 × 1.50	16.50	0.6496	17.25	0.6791
3/4 - 10		21/32	0.6562	45/64	0.7031
3/4 - 16		11/16	0.6875	23/32	0.7188
	M20 × 2.50	17.50	0.6890		
	M20 × 1.50	18.50	0.7283		
	M22 × 2.50	19.50	0.7677		
	M22 × 1.50	20.50	0.8071		
7/8 - 9		49/64	0.7656		
7/8 - 14		13/16	0.8125		
	M24 × 3.00	21.00	0.8268		
	M24 × 2.00	22.00	0.8661		
1 - 8		7/8	0.8750		
1 - 12		59/64	0.9219		
	M27 × 3.00	24.00	0.9449		
	M27 × 2.00	25.00	0.9843		
1 - 1/8 - 7		63/64	0.9844		
1 - 1/8 - 12		1 - 3/64	1.0469		
	M30 × 3.50	26.50	1.0433		
	M30 × 2.00	28.00	1.1024		
1 - 1/4 - 7		1 - 7/64	1.1094		
1 - 1/4 - 12		1 - 11/64	1.1719		
	M33 × 3.50	29.50	1.1614		
	M33 × 2.00	31.00	1.2205		
1 - 3/8 - 6		1 - 7/32	1.2188		
1 - 3/8 - 12		1 - 19/64	1.2969		
	M36 × 4.00	32.00	1.2598		
	M36 × 3.00	33.00	1.2992		
1 - 1/2 - 6		1 - 11/32	1.3438		
1 - 1/2 - 12		1 - 27/64	1.4219		
	M39 × 4.00	35.00	1.3780		
	M39 × 3.00	36.00	1.4173		

b)

的十进位数，右边表格显示了用于切削丝锥和挤压丝锥的不同的钻头尺寸

注意在图 5-23b 中，每个丝锥尺寸对应了两个钻头尺寸，其中一个尺寸是切削丝锥，另一个是挤压丝锥。两种丝锥之间的区别将在本单元做详细讲解。

一个普遍存在的错误是选用与丝锥大径相同尺寸的钻头。如果钻削的孔直径与大径相同，那么丝锥就会从孔内掉落，而无法加工出螺纹。

5.3.4 圆锥管螺纹

NPT 是国标锥形管螺纹的首字母缩写。这种螺纹每英尺有 3/4in 的锥形长度，可以帮助螺纹相互咬紧。NPT 螺纹的大小取决于内孔的公称直径，而不是螺纹大径。多数攻螺纹表也列出了圆锥管螺纹的攻螺纹尺寸（见图 5-24）。

圆锥管螺纹尺寸（NPT）			
螺纹	钻头	螺纹	钻头
$1/8 - 27$	$11/32$	$1 1/2 - 11 1/2$	$1 3/4$
$1/4 - 18$	$7/16$	$2 - 11 1/2$	$2 7/32$
$3/8 - 18$	$37/64$	$2 1/2 - 8$	$2 21/32$
$1/2 - 14$	$23/32$	$3 - 8$	$3 1/4$
$3/4 - 14$	$59/64$	$3 1/2 - 8$	$3 3/4$
$1 - 11 1/2$	$1 5/32$	$4 - 8$	$4 1/4$
$1 1/4 - 11 1/2$	$1 1/2$		

图 5-24 多数攻螺纹表也列出了圆锥管螺纹的攻螺纹尺寸

5.3.5 丝锥

丝锥的种类和倒角的种类很多，可满足不同需要，而不同丝锥的加工效果却又截然不同。

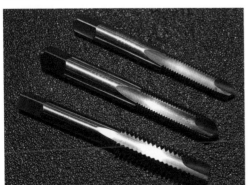

图 5-26 螺尖丝锥产生线形碎屑，会向前挤压，从孔底排出

5.3.6 丝锥的种类

不同种类的丝锥具有不同的排屑方式，对丝锥的使用至关重要。常用的丝锥种类如下。

直槽丝锥。直槽丝锥可加工螺纹，尖端与柄部之间有用于排屑的直形凹槽。使用这种丝锥产生的碎屑会卷起并裂成碎片，但在使用过程中碎屑会堆积在凹槽内，不会排出（见图 5-25）。

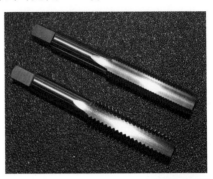

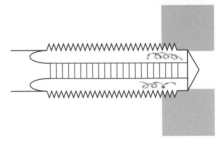

图 5-25 直槽丝锥产生的碎屑会断裂成碎片并堆积在排屑槽内

螺尖丝锥。这种丝锥也用于加工螺纹，直形凹槽的一端有具有一定角度的斜槽。底部的刃倾角产生线形碎屑，加工过程中会从丝锥前端排出，因此这类丝锥多用于加工底部可以排屑的孔（见图 5-26）。

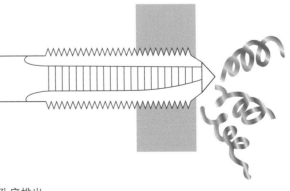

螺旋槽丝锥。这种丝锥也用于加工螺纹，具有与麻花钻相似的螺旋槽。与麻花钻一样，使用这种丝锥所产生的碎屑会沿着螺旋槽排出（见图 5-27）。

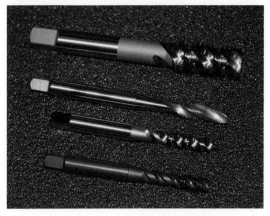

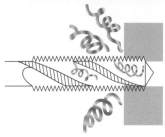

图 5-27　螺旋槽丝锥的碎屑呈线形，和麻花钻一样，沿着螺旋槽排出

无槽挤压丝锥。这种丝锥不能切削出螺纹，而是挤压孔壁材料使其塑性变形成为螺纹，多用于延展性好的材料，如铝。使用这种丝锥时不会产生碎屑（见图 5-28）。

图 5-28　无槽挤压丝锥可用于延展性好的材料，其不切削工件，而是挤压孔壁材料使其塑性变形成为螺纹

5.3.7　倒角丝锥的种类

制作丝锥时会在丝锥底端留一个短的倒角部分，这可以使加工出的前导螺纹增大，也便于丝锥在钻削孔内攻螺纹。

丝锥的倒角主要有三种，其还可以作为一套丝锥来使用，如下所述。

锥形手用丝锥。这种丝锥用于攻螺纹操作的起始部分，后续会用其他类型丝锥进行精加工。该丝锥的倒角部分有 7~10 个牙，十分便于在钻削好的孔内展开攻螺纹操作，并且通常用于通孔的攻螺纹操作。

注意：有一个误区是人们通常将锥形手用丝锥与加工管道配件的锥形丝锥混淆，然而，这种丝锥底端的倒角只是为了便于攻螺纹，并且这种丝锥加工出的螺纹是垂直的（见图 5-29）。

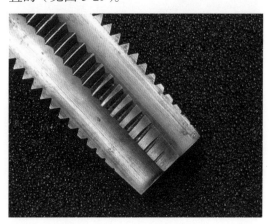

图 5-29　锥形手用丝锥的倒角部分有 7~10 个牙，便于攻螺纹操作

锥底丝锥。该丝锥是三种中最常用的一种，可以单独使用，也可以在锥形手用丝锥之后使用，在孔内较深的位置加工螺纹。锥底丝锥的倒角部分有 3~5 个牙，可用于通孔和不通孔（不穿透工件上下表面的孔）但是孔底要有充足的余量（见图 5-30）。

平底丝锥。这种丝锥用于不通孔，因为加工出的完整螺纹可以到达孔的底部。这种丝锥的倒角部分有 1~2 个牙（见图 5-31）。

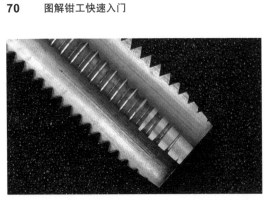

图 5-30 锥底丝锥的倒角部分有 3~5 个牙，比较便于攻螺纹操作，加工出的完整螺纹可达孔底

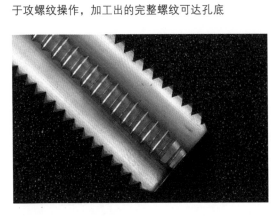

图 5-31 平底丝锥的倒角部分有 1~2 个牙，用于对已攻螺纹的孔的精加工，加工出的完整螺纹可达不通孔底部

5.3.8 丝锥的使用

攻螺纹之前要先用钻头钻削出尺寸正确的基孔，并且除去碎屑和毛刺。也可以先用锪钻将孔的尺寸加工到螺纹的大径，然后再攻螺纹。这样能去除孔口处的毛刺，也能辅助接下来丝锥（以及螺纹孔内将要使用的紧固件）的使用。

当孔的准备工作完成后，工件要紧固在台虎钳上，并使孔垂直。丝锥可通过 T 形丝锥扳手或普通式丝锥扳手操作。T 形丝锥扳手用于较小的丝锥，调整力矩时的手感和灵敏度较好，可避免折断丝锥。普通式丝锥扳手能提供更大的杠杆作用，用于较大的丝锥时可提供较大的力矩。图 5-32 所示为这两种丝锥扳手。

图 5-32 T 形丝锥扳手和普通式丝锥扳手能为手动操作丝锥提供杠杆作用

务必检查丝锥的切削刃是否锋利。磨损、钝的丝锥需要更大的力矩，这会导致丝锥断裂或加工出的螺纹过紧。攻螺纹之前向丝锥添加切削液，同时对丝锥向下施加压力。当丝锥开始切削后，它就会自动向工件内部推进。每转动扳手一圈，就要倒转丝锥半圈，避免碎屑堆积在排屑槽内，造成损坏。操作中要从多个角度检查丝锥，保证孔的垂直度。可以使用组合角尺或直角尺检查孔的垂直度，或者使用有垂直面的垫块作为参照，如果丝锥没有垂直，轻轻将其倒转，然后再垂直向孔内继续攻螺纹（见图 5-33）。

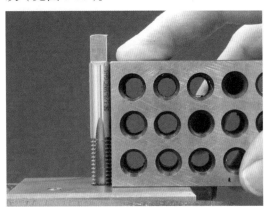

图 5-33 直角尺或垫块能帮助丝锥保持垂直，随机测量两个方向，都要保证 90°

有时碎屑会堆积在排屑槽内，丝锥在退出时就容易发生折断。如果在退出丝锥时感觉到有阻力，那么轻轻向前旋转丝锥，再慢慢尝试向后退出。积屑更容易发生在小孔内，因为排屑槽更小，所能容纳的碎屑就更少。当感觉丝锥已经触及不通孔的底部时，将其倒转退出，并清理孔内的碎屑。

攻螺纹完成后，清理孔内碎屑，然后用配合件或仪器检查螺纹的配合情况。如果攻螺纹的孔过紧，很可能是由于丝锥不够锋利。通常换一把锋利的丝锥重新加工就可以解决这个问题。如果攻螺纹的孔过松，可能是由于钻削时的尺寸过大或攻螺纹时丝锥没有保持垂直。

5.3.9　受损丝锥的退出

由于丝锥坚硬而又易脆，有时会断裂在孔内。退出丝锥需要很小心，以下就是退出丝锥时的几个技巧。如果丝锥在孔内断成碎片，可使用锤子或冲头将其砸成更小的碎片，然后用划针或镊子取出来。

注　意

使用这种方法时，要先在丝锥上盖一块布，然后再砸。这样能防止丝锥坚硬、锋利的碎片迸溅出来，避免人员受伤。

如果丝锥整体完好，那么可用断丝取出器来取出损坏的丝锥。断丝取出器有几个夹爪，可伸入丝锥的排屑槽内，将其与丝锥扳手一同从孔内取出来（见图5-34）。如果以上方法都不适用，还可以使用电火花机将其腐蚀，然后再将其取出。

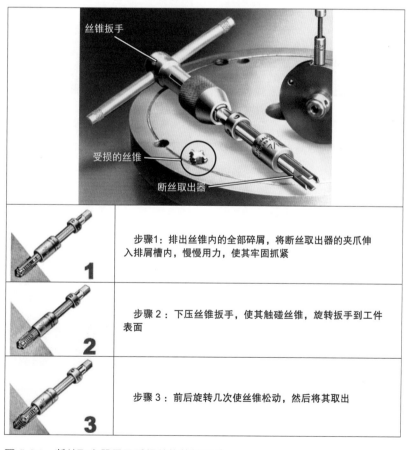

1	步骤1：排出丝锥内的全部碎屑，将断丝取出器的夹爪伸入排屑槽内，慢慢用力，使其牢固抓紧
2	步骤2：下压丝锥扳手，使其触碰丝锥，旋转扳手到工件表面
3	步骤3：前后旋转几次使丝锥松动，然后将其取出

图5-34　断丝取出器用于受损丝锥的排屑槽

5.3.10 板牙的使用

加工圆柱形工件的外部螺纹时，可以使用板牙。板牙的制作材料有硬质合金和高速工具钢（HSS）两种。硬质合金板牙多用于维修受损螺纹。如果用来加工新螺纹，尤其是加工较硬的材料，硬质合金板牙很容易磨损。高速工具钢板牙更坚硬，韧性更好，可用于加工新螺纹。一些板牙可调节螺纹松紧度，而另一些板牙就是固定的。圆板牙上有一颗可以调节的螺钉。方板牙有两排刃，安装在调节槽内。使用方板牙时，要使切屑刃有倒角的一面安装在同一的方向，调节槽两边的螺钉可调节的尺寸比圆板牙可调节尺寸更大。固定式

板牙有圆形和六角形两种。图5-35所示为以上这些板牙。工件直径永远都不要大于螺纹的公称直径，因为当公差在千分的范围内时，使用板牙是最好的选择。在工件底部加工出倒角，有助于套螺纹加工，倒角的加工可使用锉刀、砂轮机、砂带机或砂盘机，如图5-36所示。

板牙切削刃的一面有倒角，用于套螺纹加工。有的板牙上标注有"从这面开始"，便于使用人员的操作。板牙架用于加工螺纹时装夹板牙（见图5-37）。

如果使用可调节式板牙，先调节板牙，使其能套住工件或螺钉，并留有余隙，然后将板牙安装在板牙扳手上，将切削刃的

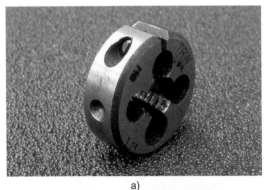

a)

c)

b)

d)

图5-35　a）圆板牙 b）方板牙的两排刃以及调节槽 c）固定式六角板牙 d）固定式圆板牙

图 5-36 在工件底部加工倒角，可帮助板牙更容易进行套螺纹操作

倒角面对准工件表面，在板牙与板牙扳手旋转时向下施加压力（见图 5-38）。板牙向下移动时很容易偏离位置，致使工件底部只有一面加工出了螺纹。要密切关注这个问题，频繁检查板牙的垂直度以及工件底部的螺纹和上面是否一致。操作时要使用充足的切削液，并且操作中也要经常倒转板牙。板牙的倒角使最后几圈螺纹不完整。翻转板牙，用没有倒角的切削刃重新加工最后几圈螺纹，使螺纹高度完整。用配合件或环规检查螺纹，如果与环规不配合，调节板牙重新加工，直到环规与螺纹完全吻合。

图 5-37 用于装夹板牙的板牙扳手

图 5-38 用手用板牙加工外螺纹时，一定要使用有倒角的刃面

第6章　　　钻　床

6.1 钻床简介

6.1.1 简介

钻床是机械加工领域中一种最基本的机床。钻床是通过将旋转的刀具切入工件表面来进行孔加工的（见图 6-1）。钻床的主轴中就有可旋转的刀具，主轴每分钟旋转的圈数（RPM）称为主轴转速。刀具向工件表面的切入称为进给。

钻床的基本操作包括钻孔、铰孔、锪孔、扩孔和攻螺纹（见图 6-2）。钻床比手持电钻的功率大，更易操作，并且根据加工工件的不同可以选择不同类型和尺寸的钻床。

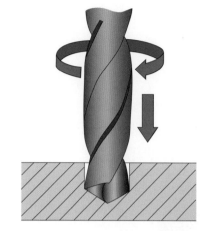

图 6-1 钻床将旋转的刀具切入工件表面来进行孔加工的

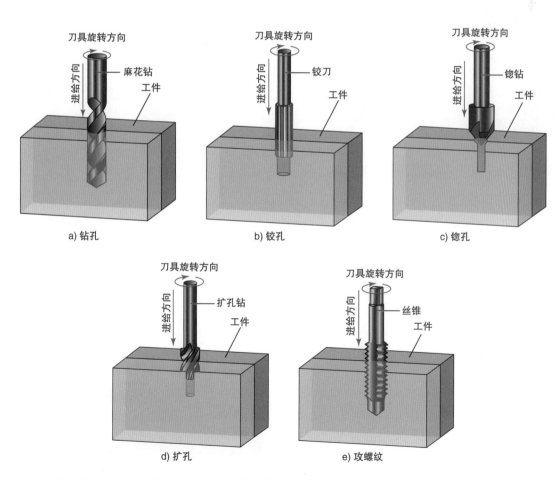

a) 钻孔　　　　b) 铰孔　　　　c) 锪孔

d) 扩孔　　　　e) 攻螺纹

图 6-2 钻床的基本操作包括钻孔、铰孔、锪孔、扩孔和攻螺纹

6.1.2 立式钻床

立式钻床由一根立柱和一个与之垂直的底座组成。立柱上有钻床的机头部分，含有驱动主轴和刀具的机械装置。立柱上还装有一个可调节的工作台，用于放置待钻孔的工件。立式钻床分为台式和落地式两种，如图 6-3 所示。使用时，将工件放在主轴下方并夹紧，以确定孔加工的位置。

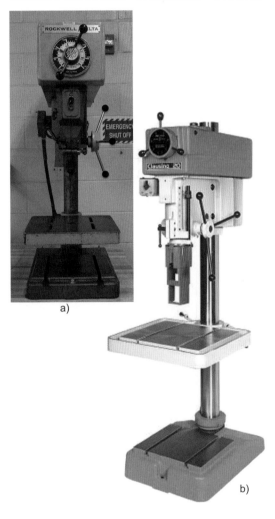

图 6-3 a）台式立式钻床 b）落地式立式钻床

立式钻床的机头有带传动和齿轮传动两种。带传动的机头中有一个塔轮系统，用于改变主轴的转速。先停止主轴的运转，然后手动更换带轮上的传动带（见图 6-4）。有的带传动钻床装有变速塔轮，可以通过手轮调节主轴转速（见图 6-5）。齿轮传动的钻床有一个变速箱，可调节变速箱的位置，进而调节主轴转速。调节变速箱前需要先停止主轴的转动。齿轮传动的钻床提供给主轴的力矩更大。图 6-6 所示为齿轮传动钻床的转速调节按钮。

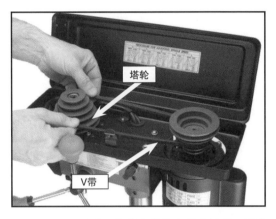

图 6-4 需要手动更换钻床带轮上的传动带，调节主轴转速，更换传动带前必须停止主轴运转并关闭电源

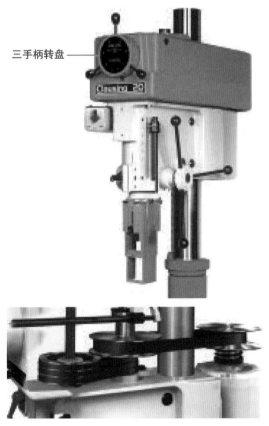

图 6-5 变速塔轮钻床的主轴旋转时，调节手轮可改变主轴转速

图 6-6 齿轮传动钻床上的转速调节柄可调节主轴转速，调节前必须停止主轴的运转

立式钻床的尺寸指可加工中心孔工件的最大直径，即立柱到主轴中心距离的两倍。例如：20in 的钻床可以加工一个直径为 20in 工件的中心孔，因此从钻床的立柱到主轴中心的距离就是 10in（见图 6-7）。

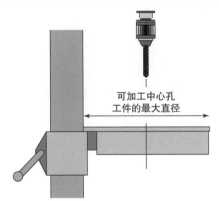

图 6-7 立式钻床的尺寸由可加工中心孔工件的最大直径决定

有的立式钻床有动力进给装置，通过操纵离合手柄可自动控制刀具的进给，也可手动按压进给手柄来控制刀具。不带动力进给装置的钻床称为手动钻床，操作人员可以手动按压进给手柄，调节所施压力的大小，通过对刀具运动的"感觉"，调节进给速度，获得最佳的切削压力。

6.1.3 钻床的操控

虽然每种立式钻床的操作方式略有差异，但它们的基本组成部分却是一样的。图 6-8 所示为典型立式钻床的基本组成部分，请参照该图阅读下文对各个部分功能的介绍。

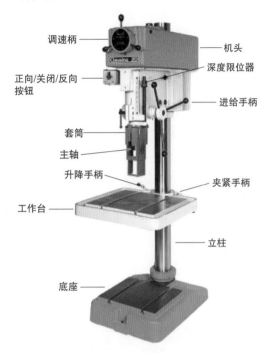

图 6-8 典型立式钻床的基本组成部分

底座是整个钻床的基础。底座的顶部是一个垂直主轴的平面，较大的工件可以直接安装在底座的沟槽上进行钻孔加工。

立柱与底座成 90° 角，用以支承工作台和机头部分。工作台可以绕立柱旋转到任何角度，也可操作升降手柄沿立柱上下移动。有些钻床的工作台还可以倾斜角度。调节好工作台位置后，用工作台夹紧手柄将其固定。工作台上有沟槽，用来固定工件。

主轴内是用于孔加工操作的刀具。传动带或齿轮驱动主轴旋转在所需转速，正向/关闭/反向按钮控制主轴电动机的运转。大部分钻床的主轴可双向旋转，有些钻床限制最低和最高转速。调速按钮用来调节主轴的转速。有些钻床是变速传动，有些则需要手动更换塔轮上的传动带或操控齿轮的拨叉来改变主轴的转速。

操控套筒进给手柄，使套筒下降，刀具也会随之下降，进给到工件表面。然而，套筒本身并不旋转，旋转的是内部的主轴。有些钻床装有动力进给装置，操控离合手柄，套筒会自动进给到工件表面。深度限位器可设定进给的深度。在有动力进给装置的钻床上，套筒到达深度限位器设定的深度后，进给会自动停止。

6.1.4 排式钻床

排式钻床是指一个底座和一个工作台上有多个机头的钻床。它的操作和结构与立式钻床相似。多个机头部分可安装多个刀具，给多个工件加工不同的孔时，不必反复更换刀具。排式钻床也可用多种刀具完成同一个孔的加工操作。图 6-9 所示为排式钻床。

图 6-9 排式钻床

6.1.5 摇臂钻床

摇臂钻床是体积最大的一种钻床，用

来加工直径较大的孔或体积较大的工件。摇臂钻床由体积较大的底座和立柱组成。立柱上安装了钻床的摇臂，可以上下调节，也可绕立柱旋转 360°。摇臂上有一套复合部件，包括主轴和进给速度选择旋钮，这些复合部件可以沿摇臂前后移动位置。摇臂钻床的尺寸是指立柱到主轴中心的距离。使用时，工件固定在工作台上，需要钻孔的位置要在主轴的下方。

图 6-10 所示为摇臂钻床的组成部分，请参照该图阅读下边对各个部分功能的介绍。

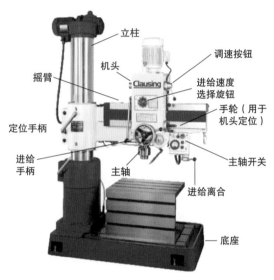

图 6-10 摇臂钻床的组成部分

底座是摇臂钻床的基础，与立式钻床的底座相似。工件可以固定在底座上的沟槽中。工作台安装在底座上，利用沟槽固定工件。

立柱垂直于底座，支承着钻床的摇臂。摇臂安装在立柱上，可以手动旋转，操控手柄在摇臂的顶端。调节定位手柄可以调节电动机，驱动摇臂沿立柱上下移动。摇臂移动到所需高度后，调节夹紧手柄将其固定。夹紧手柄的控制方式有两种：手动控制和液压控制。

钻床的机头部分也安装在摇臂上，通过手轮可调节其在摇臂上的位置，再调节夹紧手柄将其固定。主轴中是可旋转的刀具，用于钻孔，与立式钻床相似。调速按钮用于调节主轴的转速，进给速度选择按钮用于设定进给的速度。主轴开关用于起动主轴的运转。套筒的进给可以由进给手柄控制，或者手动调节进给离合。

6.1.6 微型钻床

微型钻床也称为精密钻床，主轴转速很高，用于加工很小的孔。一些微型钻床可加工 0.002in 的小孔，主轴转速可达到 20000r/min。高速旋转的主轴产生的力矩很小，因此产生的力量足以钻削直径为 1/4in 的孔。很多微型钻床装有千分表，用于检测套筒的移动情况，避免刀具断裂。图 6-11 所示为微型钻床。

图 6-11 这种微型钻床可以加工直径为 0.002in 的孔，主轴转速可达到 20000r/min

6.2 钻床中的刀具、刀具夹紧及工件夹紧

6.2.1 简介

前面章节中所涉及的孔加工工具也可以用于钻床的加工，并且钻床具有更大的功率和更好的操控性。钻床为工件提供了更大的力矩，因此工件要牢固地安装在钻床上，避免给操作人员造成伤害。在钻床上开始任何操作之前，务必安装好刀具并且固定好工件。

6.2.2 刀具材料的种类

高速工具钢（HSS）的成本低廉、韧性良好，不易折损或碎裂，因此广受欢迎。高速工具钢也可含其他合金成分，如钴，一些高速工具钢刀具中钴的质量分数高达 8%，这种刀具往往只标"钴"。这种高速工具钢不但具有普通高速工具钢的优点，而且具有较高的硬度、强度、耐磨性和耐热性，因此加工速度和进给深度比普通高速工具钢高出 10%。

钨钢（碳化钨）也是一种常用的刀具材料，具有性能好和产量高的特点。钨的硬度极高，耐磨性和耐热性很好，因此可延长刀具的使用寿命。而碳的特点也很多，如脆性高，易碎裂。还有一些刀具由整体硬质合金制成，而只用硬质合金制成刀具的刀尖则更加经济实用，通过焊接或螺钉夹紧就可以把硬质合金刀尖安装到刀身上。这种由螺钉安装硬质合金刀尖的刀具称为硬质刀具或可转位刀具。整体硬质合金刀具与高速工具钢刀具可通过重量来区分，因为硬质合金的密度高，重量是大小相似的高速工具钢刀具的两倍。目前使用的很多刀具的表面都具有涂层，如氮化钛（TiN），使刀具闪闪发光。此外，这些涂层也可延长刀具的使用寿命。没有涂层的硬质合金刀具暗无光泽，呈暗灰色。高速工具钢的刀具则闪亮，光泽度好，若表面氧化则呈黑色（见图6-12）。

图6-12　高速工具钢钻头和硬质合金钻头，左侧高速工具钢钻头表面光亮或呈黑色，右侧硬质合金钻头表面呈暗灰色

6.2.3　钻头

前面章节中简单提到钻头的功能和使用目的，然而在机械加工中还有很多关于钻头的细节需要了解。

1. 麻花钻

麻花钻主要有三个部分：钻尖、钻身和钻柄（见图6-13）。每一个部分都至关重要。

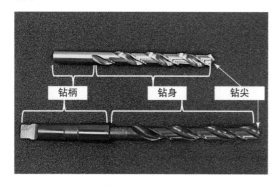

图6-13　麻花钻的钻尖、钻身和钻柄

（1）钻尖　钻尖是钻头一端呈锥形的尖端。钻尖由以下几个部分构成，如图6-14所示。

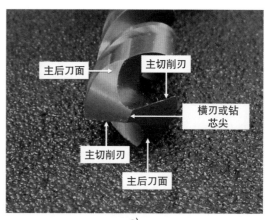

a)

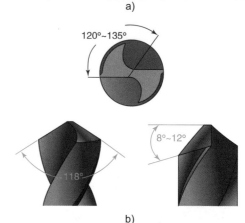

b)

图6-14　a）麻花钻的钻芯尖、主切削刃、主后刀面　b）通用型麻花钻的顶角、横刃余角和后角

主切削刃是有角度的刀刃，钻头旋转时可将金属切成碎片，是钻头上用于切削的唯一的部位。一个麻花钻有两个主切削刃，而通用型麻花钻的主切削刃之间的顶角为118°。在钻削某些特殊材料时还可选择其他顶角的麻花钻。如果两个主切削刃刃磨不当，造成长度不等，钻出的孔就会大于正常尺寸。

横刃也称为钻芯尖，指两主切削刃之间，钻尖的中心。横刃不能切削金属，但钻削时可压进工件中。钻头旋转时，横刃就是旋转的中心，最先接触到工件表面。此时它给工件的压力将材料向外挤出，材料进入主切削刃后被切成碎片。

后角是主切削刃与主后刀面之间的夹角。通用型麻花钻的后角为8°~12°，主切削刃与钻芯尖之间的横刃余角应当为

120°~135°。使用麻花钻之前应该先检查顶角、主切削刃的长度、横刃余角和后角。用钻头前刃规测量顶角和主切削刃长度，如图6-15所示。用量角规测量后角和横刃余角，如图6-16所示。

图 6-15 用钻头前刃规测量顶角和主切削刃长度，两个主切削刃的角度和长度要一致

a)

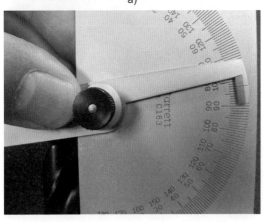

b)

图 6-16 a）横刃余角应当为 120°~135° b）后角应当为 8°~12°

（2）钻身 钻身是指钻尖到钻柄之间的部分，其构成钻头的主体，由以下几个部分组成，如图6-17所示。

螺旋槽遍及整个钻身部分，创造钻身的切削刃，可以排出钻削产生的碎屑，也可以沿螺旋槽导入切削液，冷却切削刃并使之润滑。麻花钻的螺旋槽互相盘旋，因此而得名。

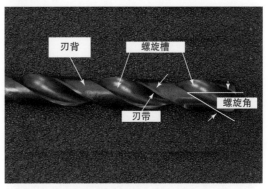

a)

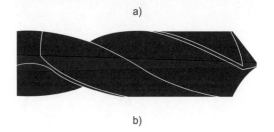

b)

图 6-17 a）钻身部分，包括螺旋槽、刃带、刃背和螺旋角 b）蓝色部分是麻花钻的钻芯

刃带是沿着钻身螺旋槽的一条凸起的细型长条，决定了钻头加工孔的直径大小。刃带与所加工的孔紧密贴合，并且可使钻头保持稳定。

刃背是刃带后面的区域，直径略小于刃带的直径，保证钻削加工时钻身不会摩擦到孔壁。如果没有刃背，钻削时整个钻身都会触及孔壁，发生不必要的摩擦，产生过多的热量。

螺旋角是钻身螺旋槽与中心线之间的夹角。

钻芯贯穿整个螺旋槽，位于钻身最中心的部分，略呈锥形，沿钻身向钻柄部分逐渐变宽。

（3）钻柄 钻柄是钻头安装在某类刀具夹持装置上时起固定作用的部分。直柄钻头可安装于钻夹头中，而锥柄钻头则可直接安装于钻床主轴上。锥柄麻花钻最常用于直径大于 1/2in 的孔。莫氏锥度是使用最广泛的一种锥度的标准，作为钻床主轴和孔加工工具的标准。莫氏锥度从小到大分为 0~7 七个型号，每个型号的锥度略有差异，但长度为 12in 的直径差值都约为 5/8in。锥形麻花钻钻柄的底端有一个扁平的区域，称为扁尾，从钻床上拆卸钻头时会使用到。

高速工具钢麻花钻的钻柄通常比钻身其他部分略软，这样刀具夹持装置能够更加牢固地将其夹持住。图 6-18 所示为直柄钻头和锥柄钻头。

a)

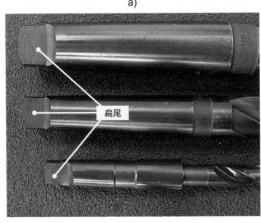

b)

图 6-18 a）直柄钻头 b）锥柄钻头

（4）钻头的刃磨 麻花钻的钻尖使用久了会磨损，因此掌握手动刃磨的方法十分重要，既可以使钻尖重新变得锋利，也可以减少刀具更换的成本。麻花钻的钻头可以重复刃磨很多次。以下是利用工作台或台式磨床进行钻尖刃磨的基本步骤。

斜握钻头，使主切削刃与砂轮表面成 59° 角，钻尖部分略高于钻柄（见图 6-19）。

图 6-19 钻头主切削刃与砂轮表面成 59° 角，钻尖部分略高于钻柄

主切削刃轻触砂轮，放低钻柄，向主后刀面方向移动，同时略施压力，使后角为 8°~12°（见图 6-20），然后使钻头离开砂轮表面，如此重复 2~3 次。

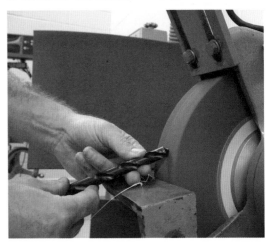

图 6-20 放低钻柄，从主切削刃向主后刀面移动时略施压力

另一个主切削刃重复以上过程，必要时要清除产生的碎屑。

用钻头前刃规检查钻头顶角和主切削刃长度，如有需要，再次刃磨，保证顶角的角度正确、两个主切削刃的长度一致。

用角度规检查横刃余角和后角。

2. 定心钻和中心钻

前面章节中提到，钻孔前可以用特殊的钻头钻一个浅孔，这样再使用麻花钻加工工件时就不容易移动。这种特殊的钻有两种，复合中心钻简称为中心钻以及定心钻（见图 6-21）。操作时一旦孔位被"定点"了，接着就可以使用麻花钻来完成了。

图 6-22　中心钻可以牢固安装在钻床的钻头卡盘上

图 6-21　复合中心钻和定心钻

复合中心钻有一个小的钻导部分，作为与麻花钻之间的过渡。定心钻有很短的螺旋槽部分，形似短小的麻花钻。这种钻头由于设计稳固，所以稳定度很高，较复合中心钻能承受更高的进给速度。定心钻的钻尖顶角有 90° 和 118° 两种，两个钻头都可以安装在钻床的钻头卡盘上（见图6-22）。

6.2.4　铰刀

前面章节中提到铰孔是对钻削出来的孔的精加工，可提高孔的加工精度，降低表面粗糙度。为保证铰孔的效率，要选择尺寸略小的麻花钻。钻孔尺寸如下。

孔直径小于 1/4in，余量为 0.010in。

孔直径在 1/4~1/2in，余量为 0.015in。

孔直径在 1/2~1$\frac{1}{2}$in，余量为 0.025in。

钻孔产生的余量就可以使用前面章节所提到的手用铰刀来去除。此外，铰孔的操作也可以在钻床上完成。机用铰刀的材料通常为高速工具钢、钴、硬质合金。机用铰刀还分为直柄机用铰刀、套式铰刀和可调式铰刀。直柄机用铰刀和套式铰刀的尺寸是固定的，但有不同直径铰刀可以在主轴上安装和拆卸。可调式铰刀底部有一个螺钉，可以调节直径大小（见图6-23）。

1. 铰刀的构成

机用铰刀由三个部分构成，如图 6-24所示。

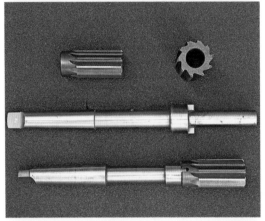

图 6-23 从上至下：直柄机用铰刀、套式铰刀、可调式铰刀

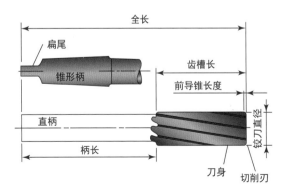

图 6-24 机用铰刀的构成部分

铰刀的切削刃是由 45° 前导锥产生的切削刃。直柄铰刀的切削刃是唯一实际执行铰削操作的部分。

直柄铰刀的刀柄略呈倒锥形，从刀尖向刀柄方向，直径逐渐变小，可以减小摩擦，降低磨损。锥柄铰刀是铰削圆柱部分，以获得所需角度。

齿槽有助于形成切削刃的几何形状，用来排出碎屑。通用型直柄机用铰刀的齿槽是直槽。螺旋槽铰刀碎屑排出的方向视螺旋槽的方向而定，可向前排出，也可向孔的后方排出。螺旋槽铰刀也适用于铰削不规则的孔，如带有键槽、凹槽的孔，因为在铰削时，螺旋槽的切削刃可以越过不规则的部分，减小铰刀的振动（见图6-25）。

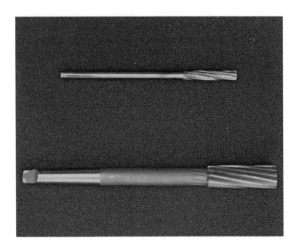

图 6-25 螺旋槽铰刀

刀柄部分起夹持作用，支持铰刀的旋转，有莫氏锥柄和直柄两种。锥柄铰刀可直接安装在钻床主轴的锥形孔中，而直柄铰刀则需要通过钻夹头进行安装。

2. 铰刀规格

铰刀有很多种规格，单位为英寸（in）的铰刀分为常用分数规格以及许多的小数规格。铰刀的规格表示方式与钻头类似，分为数字型和字母型。铰刀也有米制规格的型号，用于标准定位销的铰刀标注为"超过/不足"。在装配和拆卸与定位销配合的部件时，通常使定位销在其中一个部件内，可在另一个部件内滑动。若要完成此过程，首先要用直径略小的铰刀铰削出一个较小的孔（过盈配合），或用一个直径略大的铰刀铰削出一个较大的孔（间隙配合），所留余量为 0.001in。铰刀也可用于铰削锥形孔，如机床主轴的莫氏锥孔或锥形定位销孔（见图 6-26）。

图 6-27　带孔型倒角锪钻

图 6-26　锥形铰刀

6.2.5　锪钻和扩孔钻

前面章节中提到锪钻是在钻孔加工之后使用的一种刀具，对孔进行倒角操作，降低孔边缘的锋利度，去除毛刺，或者加工圆形凹面用于放置螺钉头。锪钻有多种直径规格，钻尖有 60°、82°、90°、100°、120°。钻尖角度的选择取决于图样标注的规格或紧固件头的大小。锪钻按齿槽数量分为单刃型、三刃型、四刃型和六刃型。没有齿槽的混合型锪钻称为带孔型倒角锪钻。

带孔型倒角锪钻有一个贯穿钻身的孔，成一定角度倾斜。这种锪钻的间隙小，适用于去除孔的毛刺，可加工直径的范围较多（见图 6-27）。

单刃型锪钻加工速度快，不易松动或振动。

三刃型锪钻和四刃型锪钻排除碎屑的齿槽较多，使用寿命较长（见图 6-28）。

六刃型锪钻有六个齿槽可排除碎屑，切削刃较多，进给力度更强（见图 6-29）。

扩孔钻用于扩大孔直径，并使孔壁表面平滑。扩孔后，螺钉或螺栓头部可以与工件表面齐平，或略低于工件表面。扩孔钻也可用于埋头孔的操作，加工出浅的平面凹槽，用以放置螺母，如图 6-30 所示。埋头孔常用于铸造加工出来的工件，很多汽车部件都有埋头孔，如发动机排气歧管和气缸盖。

扩孔钻的底部有一个导向部分，用来检查扩孔钻和孔是否对齐。导向部分的直径应该为 0.003~0.005in，略小于孔直径。如果间隙偏小，扩孔钻与孔贴合过紧，就会卡在孔内；如果间隙偏大，扩孔钻就会偏离定位。钻床操作中使用的扩孔钻有直柄和锥柄两种类型。

a)

图 6-29　六刃型锪钻

b)

a)

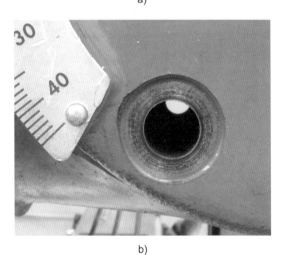

b)

图 6-28　a）单刃型锪钻　b）三刃型锪钻　c）四刃型锪钻

图 6-30　a）扩孔　b）埋头孔

6.2.6　刀具夹紧

1. 莫氏锥柄刀具夹紧

　　很多直径大于 1/2in 的孔加工工具用锥柄代替直柄。钻床主轴中的莫氏锥孔可以直接安装莫氏锥柄刀具，且安装牢固、速度快、精度高。由于莫氏锥柄有很多规格，因此需要使用转换装置来改变锥柄的大小，使之与钻床主轴的锥度相匹配。莫氏钻头套筒能够增加锥柄的尺寸，而莫氏伸长钻头套筒能减小锥柄的尺寸（见图 6-31）。

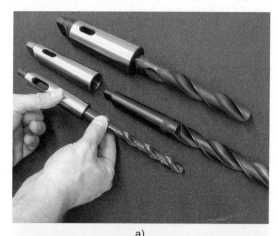

a)

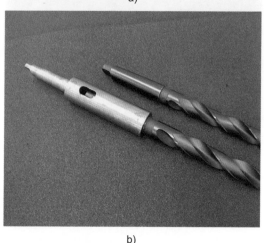

b)

图 6-31　a）莫式钻头套筒可增加锥柄尺寸　b）莫式伸长钻头套筒可减小锥柄尺寸

　　安装锥柄时，要确保锥柄和套筒的孔干净、光滑。莫氏锥柄的扁尾一定要与孔内的卡槽对准（见图 6-32）。安装时动作要快而有力，这样锥柄就能够自动锁定。此外，钻削加工时也会产生一定压力，使锥柄与套筒结合得更加牢固。

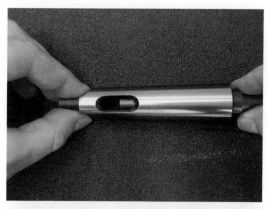

图 6-32　莫氏锥柄的扁尾一定要与孔内的卡槽对准

注　意

　　将钻头安装到钻床主轴上，或安装钻头套筒、伸长钻头套筒时，要用手握住钻柄，而不要握住齿槽，以免刃边割伤手指。

　　退锥楔铁用于从钻床主轴上拆卸锥柄钻头，呈楔形。把它插入主轴与锥柄之间的开孔内，并用锤子敲击，就可拆卸钻头。

使用时，将退锥楔铁的弧形边朝上，抵住钻头的扁尾处。一定要用手握住待折卸的钻头，避免钻头脱离主轴时损坏工作台。也可以在钻头下方放一个木块，钻头一旦掉落即可将其接住（见图6-33）。

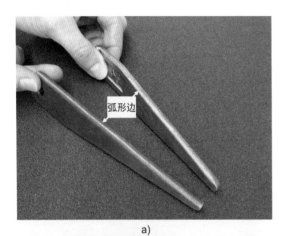

a)

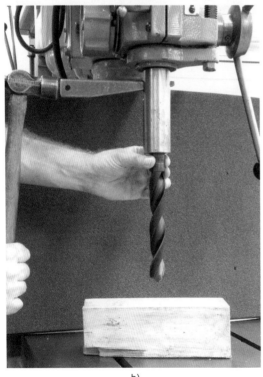

b)

图6-33 a）两种退锥楔铁 一种弧形边在斜边上，另一种弧形边在直角边上，使用时，弧形边朝上，抵住钻头的扁尾 b）用退锥楔铁从钻床拆卸钻头，注意在工作台上放一个木块，防止钻头掉落

注 意

从钻床主轴上拆卸钻头后，要马上卸下退锥楔铁。否则钻床运转时会将退锥楔铁甩出，造成严重伤害。

---

2. 直柄刀具夹紧

直柄钻头需要安装在钻床的钻夹头上，钻夹头通常配有莫氏锥柄，可以直接在钻床主轴上安装和拆卸。钻夹头根据不同的用途分为多种规格。

扳手钻夹头也称为雅克布钻夹头，有多种规格，能满足不同夹紧力的需求。有些型号可以夹持直径千分之一英寸的小型钻头，也有一些可以夹持直径约为1in的直柄钻头。大部分钻夹头有三个夹爪，需要用特殊的扳手旋紧（见图6-34）。

图6-34 钻夹头和扳手

注 意

安装完钻头，一定要立即拆卸扳手。否则一旦钻床主轴运转，就会将扳手甩出，造成严重伤害。

手紧钻夹头可以手动旋紧，不需任何辅助工具（见图6-35）。使用手紧钻夹头时，更换钻头的速度更快。

图 6-35 手紧钻夹头

加工小孔时也可使用特殊的钻夹头。微型自紧钻夹头的设计精密，夹紧力小，可以夹持非常小的钻头，比较大的钻夹头运转起来更加顺畅（见图 6-36）。微型灵敏钻夹头适用于钻削小孔。这种钻夹头的优点是可以用手指轻轻施加压力给钻头部分。弹簧钻夹头的灵敏度极高，可用于直径小、脆性高的钻头（见图 6-37）。

图 6-36 微型自紧钻夹头

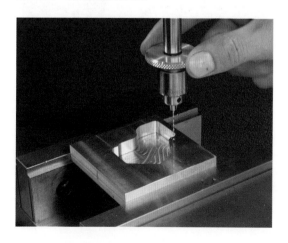

图 6-37 弹簧钻夹头

6.2.7 工件夹紧

无论在钻床上使用何种刀具，在运行钻床之前，首先要考虑待加工工件是否牢固夹紧。工件夹紧的工具有很多种，大部分都是通用的，也有一些是专门用于某项操作的。

1. 钻床虎钳

钻床虎钳使用方便、准备时间短。钻床虎钳与台虎钳很像，只是高度更低，基座更加平整，并且钳口是光滑的（见图 6-38）。工件要先安放在平行垫铁上，确保工件与机床表面平行。调节钳口，夹紧工件。钳口夹紧后，用软面锤轻击工件，使之稳固贴合在平行垫铁上（见图 6-39）。夹持圆形工件时，最好将其置于宽度较大的平行垫铁上，使接触点在六点钟方向或者工件的最低点，而不要在平行垫铁的边缘处，如图 6-40 所示。

图 6-38 钻床虎钳夹持工件进行钻削操作

钻床虎钳的钳口里也可以放置一个 V 形块，用来直接夹持圆形工件。

图 6-41 所示为不同型号的钻床虎钳。

注 意

夹持圆形工件时，要确保工件的轴线低于钳口表面，防止工件"跳"出虎钳（见图 6-42）。

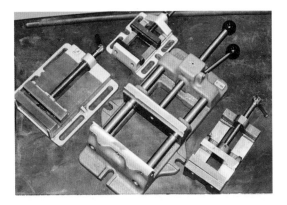

图 6-41 不同操作中使用的不同型号的钻床虎钳

图 6-39 用软面锤轻击工件，使之稳固贴合在平行垫铁上

a)

a)

b)

图 6-40 在钻床虎钳上用平行垫铁夹持工件的正确操作（图 a）和错误操作（图 b）

b)

图 6-42 夹持圆形工件时，要确保工件的轴线低于钳口表面，如图 a，不要如图 b 所示那样操作，否则工件夹持不稳，调节钳口或加工过程中，工件容易"跳"出去

2. V 形块

V 形块是另一种工件夹紧装置，用于夹紧圆形工件。V 形块中有一个钢或铸铁制成的 V 形槽口，用来放置工件，形成与工件的两个接触点。V 形槽口也可以夹紧，将工件压紧在槽口里。这三个接触点所提供的定位精度和夹紧力度比虎钳提供的要大。V 形块也可以置于虎钳钳口内，或者直接夹紧在工作台上（见图 6-43）。图 6-44 所示为不同型号的 V 形块。

图 6-43 用 V 形块夹紧圆形工件进行钻孔操作

图 6-44 不同型号的 V 形块

3. 角板

角板是一种简单却实用的工件夹紧装置（见图 6-45）。角板通常由硬质工具钢和铸铁制成，两个工作面成 90° 角。角板常用于钻削垂直于工件表面的孔。使用角板前，先用某些夹持装置将工件固定，如 C

形夹或工具夹，然后将角板夹紧在钻床工作台上，如图 6-46 所示。

图 6-45 典型的角板

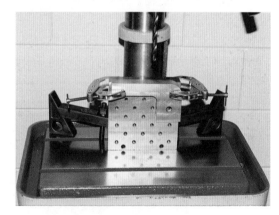

图 6-46 在钻床上使用角板夹紧工件

4. 压板

当工件不适于夹持在钻床虎钳、角板或 V 形块中时，可以用压板将其直接夹紧在工作台上。多数钻床工作台上有 T 形槽，可以安装 T 形螺母，或者可以使用带孔压板（见图 6-47）。压板有很多种型号，如图 6-48 所示。在钻床工作台上夹持工件时，至少要使用两个压板。如果只用一个压板，工件可能会绕着夹紧点旋转。使用压板时，工件需要成一定角度摆放。在钻削一个通孔时，要使工件离开台面，防止钻透工件时损坏工作台面。压板要夹在工件上方，以免干扰钻削过程。压板的底部要用调整垫铁或级型垫铁垫起。压板的上部要稍稍抬高，使压板与工件的接触点在夹钳的钳口处。钳口要在工件所垫的平行垫铁或槽块的上方（见图 6-49）。其他型号压板的使用方法如图 6-50 所示。

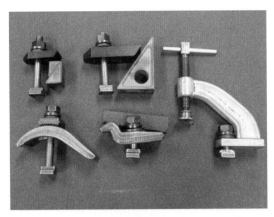

图 6-48　钻床工作台上使用的不同型号的压板

图 6-47　与钻床工作台 T 形凹槽相匹配的 T 形螺母（圆圈标注的位置）

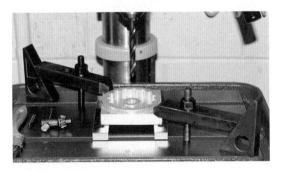

图 6-49　在工件上钻透穿孔时，要垫起工件，以免损坏工作台

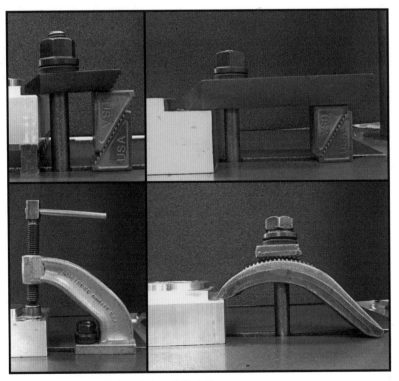

图 6-50　直接在工作台上夹紧工件的方法

注　意

直接向钻床工作台夹紧工件时，最少使用两个压板。使用需要长螺柱的压板钳时，螺柱的长度应当能够穿过工作台的 T 形螺母和压板上的六角螺母。注意，螺柱要尽量靠近工件，压板的夹紧力就直接施加于工件上，而不是施加于压板垫铁上。

6.3　钻床操作

6.3.1　简介

熟悉了钻床的安全注意事项，选择了合适的刀具和工件夹紧装置，接下来就要确定钻床的转速和进给。

6.3.2　普通钻床的安全

严格遵守安全注意事项能够避免钻削操作中的伤害。本章节详细介绍操作中的安全注意事项，以下是钻床操作中需要特殊注意的地方。

注　意

操作中要佩戴护目镜，严格遵守车间安全制度。

钻夹头使用完毕后，要立刻从钻床主轴上拆卸。

使用扳手调节完钻夹头后，要立刻拆卸扳手。

孔加工操作开始之前，要检查工件是否夹紧牢固。钻削时不要用手去握工件。

不要触碰旋转中的主轴、钻夹头和刀具。

要在主轴完全停止旋转之后才可以调整刀具或工件。要等待主轴自行停止旋转，不要用手去辅助制动。

身体以及其他物品不要靠近旋转中的主轴。在主轴完全停止旋转之后，用毛刷或抹布清理产生的碎屑，不要用手。

不要用向钻床、刀具或工件吹气的方式清理碎屑、碎片和切削液。

要遵守车间环境制度，不要在钻床上堆叠抹布、刀具或工件。钻床使用完毕要清理碎屑和切削液。

6.3.3　转速和进给

钻床（以及大多数机床）的主轴转速单位是 r/min（每分钟转数）。孔加工操作中影响转速的因素主要有四个：刀具材料（高速工具钢或硬质合金）、待加工工件的材料、刀具的类型和刀具的直径大小。进行钻床加工前，要先确定主轴的转速，这一点至关重要。转速过低会导致加工效率低，也就意味着损失时间和成本；转速过高会产生过多热量，对刀具和工件造成严重损坏。

进给是指刀具向工件内部切削的移动过程；进给速度是刀具向工件进给的速度。钻床操作（以及所有的机床操作）中设定的进给速度是否恰当也是至关重要的。如果进给速度过低，加工效率会很低；如果进给速度过高，会导致刀具的磨损，甚至折断。

材料加工的难易程度称为切削加工性。SAEAISI1212 钢的切削加工性被设定为 100%，是标准参考值。一般来说，硬度低的材料的切削加工性较高，而硬度高的材料的切削加工性较低。例如：某种材料的切削加工性为 70%，意思是该材料的加工速度应该是 SAE-AISI1212 钢加工速度的70%。图 6-51 所示为材料切削加工性的比值图表。

注　意

主轴转速和进给速度不合适会导致危险的发生。转速太快会导致刀具过热、磨损或操作失败。进给速度过快会导致钻头的折损。以上两种情况还会导致刀具或工件碎片的迸溅。

1. 切削速度和转速计算

确定主轴转速之前应当先了解什么是切削速度。切削速度是指刀具边缘上某点在 1min 内旋转的距离，用 SFPM（每分钟表面尺数）表示，有时也表示为 SFM 或 FPM。图 6-52 所示为切削速度。

SAE-AISI 名称	比值 (%)	SAE-AISI 名称	比值 (%)	SAE-AISI 名称	比值 (%)	SAE-AISI 名称	比值 (%)	SAE-AISI 名称	比值 (%)
				铬钢					
5015	78	5130	57	5140A	70	5150A	64	5160A	60
5060A	60	5132A	72	5145A	66	5152A	64	E51100A	40
5120	76	5135A	72	5147A	66	5155A	60	E52100A	40
				铬钒钢					
6102	57	6118	66	6145	66	6150A	60	6152A	60
				硼合金钢					
50B44A	70	50B50A	70	51B60A	60	94B17	66	94B30A	72
50B46A	70	50B60A	64	81B45A	66	-	-	-	-
				不锈钢					
301	55	308	27	317	35	403	55	418	40
302	50	309	28	321	36	405	60	420	45
303	65	310	30	330	30	410	55	430F	65
304	40	314	32	347	40	416	90	440	50
				工具钢					
A2, A3, A4	16	D5, D7	11	H24, H25	15	01, 02, 07	16	S1, S2, S5	20
A6, A8, A9	16	H10, H11	20	H26, H42	15	06	38	T1	14
A7	11	H13, H14	20	M2	14	P2, P3, P4	25	T4	11
A10	27	H19	20	M3	11	P5, P6	25	Ta 5	8
D2, D3, D4	11	H21, H22	15	M15	8	P20, P21	22	W (AB)	30

表示退火，碳钢1212（100%比值）是比值的比较材料，此表上的信息由DoAll公司和Texaco提供

图 6-51 材料切削加工性的比值图表示对给定材料进行加工的难易程度

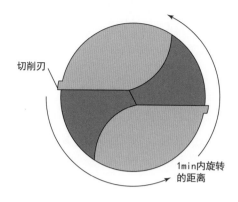

图 6-52 切削速度是指刀具边缘上某点在 1min 内旋转的距离

切削速度的选择有很多参考依据，最常用的就是加工手册。刀具制造厂商通常会附上刀具的切削速度表作为参考。图 6-53 所示为使用高速工具钢刀具钻削、铰削碳素钢材料的切削速度表。由于硬质合金的耐热性很高，因此硬质合金刀具的切削速度是高速工具钢刀具的 2~3 倍。

确定了切削速度，就要计算刀具所需的主轴转速。计算主轴转速的公式有两个。第一个是

$$\mathrm{RPM}^{\ominus} = \frac{12CS}{\pi D}$$

式中　CS——切削速度；

　　　D——刀具直径；

　　　π——固定值，约为 3.14159。

第二个公式是第一个公式的简化，由于 $12 \div \pi$ 约等于 3.82，那么该公式也可表示为

$$\mathrm{RPM} = \frac{3.82CS}{D}$$

式中　3.82——常量；

　　　CS——切削速度；

　　　D——刀具直径。

第二个公式中的 3.82 有时四舍五入为 4，公式就变成 $\frac{4CS}{D}$。所有这些公式在加工行业内使用很普遍，而不同公式所得出的结果的差值很小。本书所使用的是 $\frac{3.82CS}{D}$。需要注意的是，切削速度和 RPM 是不同的值，但可以使用切削速度来计算 RPM。以下几个例子是通过图 6-53 中所查到的切削速度来计算主轴的 RPM。

材料	布氏硬度HBW	钻削	铰削
		高速工具钢	
		切削速度（RPM）	
易切削的普通碳素钢（硫化）：1212，1213，1215	100~150	120	80
	150~200	125	80
（硫化）：1108，1109，1115，1117，1118，1120，1126，1211	100~150	110	75
	150~200	120	80
	175~225	100	65
（硫化）：1132，1137，1139，1140，1144，1146，1151	275~325	70	45
	325~375	45	30
	375~425	35	20
（含铅）：11L17，11L18，12L13，12L14	100~150	130	85
	150~200	120	80
	200~250	90	60
普通碳素钢：1006，1008，1009，1010，1012，1015，1016，1017，1018，1019，1020，1021，1022，1023，1024，1025，1026，1513，1514	100~125	100	65
	125~175	90	60
	175~225	70	45
	225~275	60	40
普通碳素钢：1027，1030，1033，1035，1036，1037，1038，1039，1040，1041，1042，1043，1045，1046，1048，1049，1050，1052，1524，1526，1527，1541	125~175	90	60
	175~225	75	50
	225~275	60	40
	275~325	50	30
	325~375	35	20
	375~425	25	15

图 6-53 使用高速工具钢刀具钻削、铰削碳素钢材料的切削速度表

$\ominus$　RPM 代表转速，单位为 r/min。

例1：确定在布氏硬度为125~175HBW 的 AISI-SAE1020 钢上加工直径为 1/4in 的孔所需的切削速度，并计算主轴转速 RPM。

首先，在图 6-53 中找到 1020 钢及其布氏硬度，并找到同一行"钻削"所在列对应的切削速度，即 90。将 90 代入到公式中的 CS，D 为 0.25，则

$$RPM=\frac{3.82CS}{D}$$

$$RPM=\frac{3.82\times90}{0.25}$$

$$RPM=\frac{343.8}{0.25}$$

$$RPM=1375$$

对比例 1 与例 2。

2. 钻床操作的进给量

钻床的进给量表示为 IPR（每转的英寸数）或 FPR（每转的英尺数）。IPR 和 FPR 都是指刀具每旋转一圈向工件进给的相对位移。例如：0.003IPR 意思是刀具每旋转一圈向工件进给的距离为 0.003in（见图 6-54）。

例2：确定在布氏硬度为 125~175 的 AISI-SAE1020 钢上加工直径为 1.25in 的孔所需的切削速度，并计算主轴转速 RPM。

由于材料相同，切削速度仍然为 90。将 90 代入到公式中的 CS，D 为 1.25，则

$$RPM=\frac{3.82CS}{D}$$

$$RPM=\frac{3.82\times90}{D}$$

$$RPM=\frac{343.8}{1.25}$$

$$PRM=275$$

注意，如果材料和切削速度相同，所使用刀具直径越大，主轴转速就越低。反过来，刀具直径越小，主轴转速越大。

例3：确定在布氏硬度为 325~375 的 AISI-SAE1050 钢上加工直径为 1/4in 的孔所需的切削速度，并计算主轴转速 RPM。

首先，在图 6-53 中找到 1050 所对应的布氏硬度，并找到该行所对应的切削速度，即 35。将 35 代入到公式中的 CS，D 为 0.25，则

$$RPM=\frac{3.82CS}{D}$$

$$RPM=\frac{3.82\times35}{0.25}$$

$$RPM=\frac{133.7}{0.25}$$

$$PRM=535$$

对比例 1 的结果，使用相同直径的钻头，材料硬度高，切削速度低，会导致主轴转速低。相反，使用相同直径的钻头加工硬度低的材料，根据公式可知，会导致主轴转速过高。

刀具的进给量是 0.003in/r

图 6-54　刀具加工工件的进给量为 0.003in/r

加工小孔时刀具的进给量较小，以免刀具损坏；而加工大孔时刀具的进给量较大，因为较大的刀具更加结实，受压能力更强。图 6-55 所示为麻花钻进给量的参考。参考值范围中较小的值用于切削加工性低的硬金属，如工具钢、超耐热不锈钢；较大的值用于切削加工性较高的软金属，如铝、黄铜。

直径范围	FPR—低	FPR—中	FPR—高
in	in	in	in
1/16 ~ 1/8	0.0005 ~ 0.001	0.001 ~ 0.002	0.002 ~ 0.004
1/8 ~ 1/4	0.001 ~ 0.003	0.003 ~ 0.005	0.004 ~ 0.006
1/4 ~ 3/8	0.003 ~ 0.005	0.005 ~ 0.007	0.006 ~ 0.010
3/8 ~ 1/2	0.004 ~ 0.006	0.005 ~ 0.008	0.008 ~ 0.012
1/2 ~ 3/4	0.005 ~ 0.007	0.007 ~ 0.010	0.009 ~ 0.014
3/4 ~ 1.0	0.007 ~ 0.010	0.009 ~ 0.014	0.014 ~ 0.020

图 6-55　麻花钻进给量的参考

6.3.4　钻床孔定位

钻床上孔的定位依据是划线，因此划线的精准度必须在公差范围内。要想从视觉上确定孔的定位，可以划一个直径与孔的直径相等的圆。如果划线中有样冲打出的标记，可以使用中心冲将该标记扩大一些，这样钻头的定位就更加精准。

如果要在虎钳、V形块或角板上加工工件，那么就要使用工件夹持装置，这样待加工孔的位置就能够与钻床主轴中心点对准。如果在工作台上直接加工工件，那么首先需要摆正工件的位置，使待加工孔的位置对准钻床主轴中心点，然后再将其夹紧在工作台上。使用虎钳时，将其置于工作台上，手柄朝向10点钟方向。如果夹钳松动，虎钳会接到立柱，并不会伤及操作人员（见图6-56）。

有时可以用中心探测器（或摇摆器）来确定工件是否对准钻床主轴中心点。中心探测器包括多个配件（见图6-57）。用于钻床时，将探针安装在中心探测器上，然后把中心探测器安装在钻床的钻夹头上，那么探针所对准的就是主轴的中心点。使用中心探测器之前，先起动主轴，设置转速为500~1000r/min。用一根细木棍或一支铅笔抵住探针外侧，轻轻向主轴中心按压，直至探针完全垂直旋转（见图6-58）。校

对完探针之后，停止主轴。然后降低套筒，接近工件的冲孔或交叉点，如图6-59所示。可以使用软面锤敲击工件或工件夹持装置来调整定位。确定了孔的位置，将工件夹紧在工作台上。

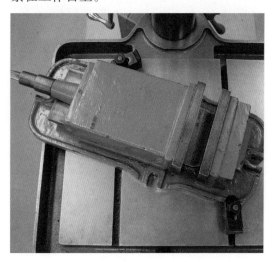

图 6-56　虎钳的安装方式，如果夹钳松动，虎钳会撞到立柱，并不会伤及操作人员。

边缘探测器（见图6-60）与中心探测器的定位方式相似。将边缘探测器安装在钻床主轴上，校准的方式与中心探测器校准的方式一样。然后将工件上待加工孔的位置对准探针即可。边缘探测器旋转时可以略微触碰工件上的冲孔，调整工件位置，对准探针（见图6-61）。

工件上有冲孔时，还可以使用中心钻

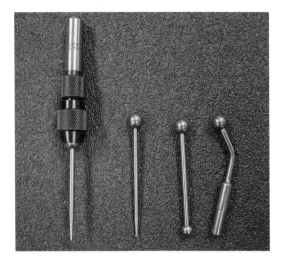

图 6-57　中心探测器包含多个配件，探针通常用于钻床的孔定位

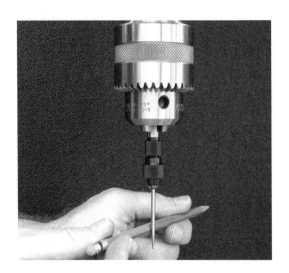

图 6-58　用铅笔校准中心探测器

图 6-59　虎钳夹持在工作台上之前，工件的冲孔要对准中心探测器的探针

（复合中心钻）来定位主轴中心点。首先将工件放置在中心钻下方，夹紧工件时略施压力，使工件仍然可以"浮动"或移动。起动主轴，使中心钻略触碰工件冲孔，这时工件微微移动，冲孔便会对准中心钻。然后抬离套筒，停止主轴并紧固夹具。

注　意

使用这种方法定位时，关掉主轴直至完全停止运转，再进行夹紧操作。不要在主轴旋转时紧固夹具。

图 6-60　圆锥式边缘探测器

图 6-61　虎钳夹持在工作台上之前，工件的冲孔要对准边缘探测器的探针

6.3.5　中心钻和定心钻

在夹紧工件后，使用麻花钻加工之前，可使用中心钻（复合中心钻）或定心钻加工一个更加精准的原始孔，这个加工过程称为定心，加工获得的孔称为定心孔。所选中心钻的导向直径要略大于麻花钻钻芯尖的直径。图 6-62 所示为中心钻的尺寸。如果使用中心钻，直径不用十分精准。而如果使用大于孔直径的定心钻，一定要注意孔的直径和深度，不要偏大。计算定心钻的主轴转速时，可以参考钻头的直径。理论上说，计算中心钻的主轴转速，应当参考导向直径。然而，这通常会导致计算结果不符合实际应用，因此需根据实际因素做适当调整。

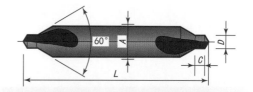

型　号	钻身直径（A）	钻尖 直径（D）	钻尖 长度（C）	钻头 总长（L）
00	1/8	0.025	0.030	1 1/8
0	1/8	1/32	0.038	1 1/8
1	1/8	3/64	3/64	1 1/4
2	3/16	5/64	5/64	1 7/8
3	1/4	7/64	7/64	2
4	5/16	1/8	1/8	2 1/8
5	7/16	3/16	3/16	2 3/4
6	1/2	7/32	7/32	3
7	5/8	1/4	1/4	3 1/4
8	3/4	5/16	5/16	3 1/2

图 6-62　中心钻的尺寸

定心深度通常为钻尖长度的 1/2，一旦出现定位误差，还可以采取补救措施。如果定心深度等于或大于钻尖长度，那么就很难弥补定位误差了。钻尖长度取决于钻尖顶角的角度。图 6-63 所示为如何计算一些常用顶角的钻尖长度。

90°　顶角钻尖　　　0.5×钻头直径＝钻尖长度

118°　顶角钻尖　　　0.3×钻头直径＝钻尖长度

135°　顶角钻尖　　　0.207×钻头直径＝钻尖长度

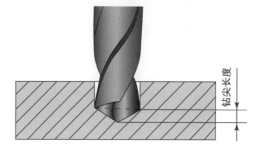

图 6-63　可以用公式计算钻尖长度

钻床套筒上的深度限位器可用来设置定心孔深度。调节深度限位器，使中心钻或定心钻几乎贴近工件表面。用一张纸测量工件表面与钻尖之间的距离。按照定心深度的距离调节深度限位器。设置主轴转速，起动主轴，使用进给手柄调节中心钻或定心钻的进给深度。钻削时要添加充足的切削液。中心钻的进给速度要慢，避免导向部分在工件内部折断。要频繁拆卸套

筒，清理碎屑。这样反复上下移动套筒完成钻削的操作称为啄钻。图 6-64 所示为使用中心钻进行定心操作。

注　意

因为定心钻钻身部分没有间隙，所以进给深度不要超过钻尖。一旦钻身进给到工件内部，刀具就会过热、损坏，甚至甩出碎屑，造成伤害。

图 6-64　使用中心钻进行定心操作

6.3.6　钻孔

完成孔定位之后，接下来就是选择所需的麻花钻，并安装在机床主轴上。如果使用直柄钻头，可以将钻柄安装在钻夹头上，安装的深度要恰当，以避免深度过大

致使钻夹头夹在螺旋槽部分，损坏钻夹头或钻头。尽量使钻柄底部进入钻夹头内，以免操作过程中被按压进去。当加工孔的直径大于 1/2in 时，应当先用直径略大于钻芯尖宽度的钻头钻削一个导向孔（见图 6-65）。导向孔便于钻芯尖的操作，并减少钻头进给的压力。

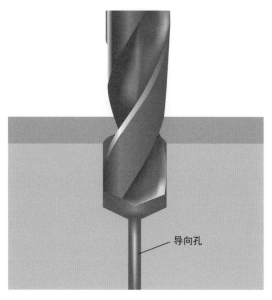

图 6-65　导向孔的直径略大于钻头钻芯尖的宽度

完成工件的固定以及刀具的安装之后，通过本章节之前所提的公式计算并设置主轴转速。如果钻床有动力进给装置，那么设置一个合适的动力进给量。起动主轴并手动进给，这样操作人员可以更好地掌握进给量。在钻头完全进入工件之前，停止主轴，测量锥形凹槽的边缘和导向孔边缘之间的距离。如果孔位偏离，停止钻削，重新用横刃做标记，如图 6-66 所示。这种视觉检测很重要，一旦钻头全部进入工件，孔的位置就不可调节了，因为钻身已经被孔壁包裹住了。

孔的位置确认或修改之后，就该考虑加工深度了。用进给手柄手动进给套筒，如有需要也可起动动力进给装置。切削液的用量可自由掌握。成卷的切屑会从螺旋槽排除，并且切屑几乎是同等大小的。这就表明钻头的刃磨恰到好处。啄钻会产生短小的切屑，从钻身掉落出来。啄钻过程也能清除孔里的切屑，并使切削液没过钻尖。钻削深孔时，如果没有频繁往复运动钻头，产生的切屑会堆积在螺旋槽内，致使钻头断裂。如果加工噪声很尖锐，表示主轴转速过高，或进给压力过小。使用高速工具钢钻头钻削黑色金属时，如果产生的切屑是褐色或蓝色的，表示进给速度过大。

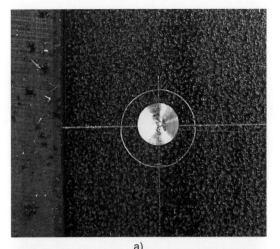

a)

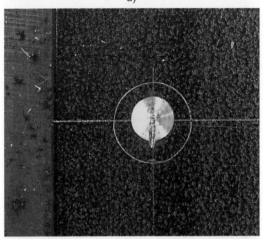

b)

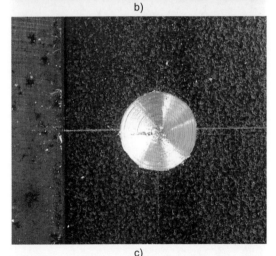

c)

图 6-66 用横刃找回中心点的步骤 a）钻头的位置已经偏离 b）用横刃在锥形浅孔上向需要修改的方向做划线标记 c）沿横刃标记拉动钻头的切削刃到合适的位置

注　意

可以使用啄钻的方式避免产生细长型的切屑，否则这种切屑会缠绕在钻头上，或呈卷状堆积在工作区内。

6.3.7 通孔和不通孔

完全贯穿工件的孔称为通孔，只穿透工件一部分而不贯穿整体的孔称为不通孔，不通孔的深度称为有效深度（见图6-67）。

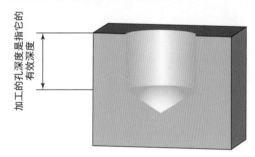

图 6-67 不通孔的深度是指它的有效深度，不包括尖端的深度

加工不通孔时，可以用钻床上的深度限位器来限制套筒的进给距离。设定和测量不通孔有效深度的方法有很多种。如果有效深度的精准度要求不高，钻头开始加工时，可将套筒抵住深度限位器，那么深度限位器的移动距离就是要加工的不通孔的有效深度（见图6-68）。套筒抵住深度限位器时，也可以在钻头下方放一块垫片，使钻尖触及垫片，把钻尖的长度与垫

片厚度相加的数值设定给深度限位器（见图 6-69）。然后起动主轴进行钻孔加工，直到套筒触碰到深度限位器。如果不通孔有效深度的精准度要求高，使用同样的方法，但是设置深度限位器，得到深度较小的孔。然后可在孔内放置一个塞规，测量塞规位于工件表面上的长度。用塞规总长度减去工件表面上的长度，即可得到孔的深

度（见图 6-70）。然后将深度限位器设定为所需深度。在带有机动进给装置的钻床上，在达到不通孔深度之前，深度限位器通常会停止机动进给，然后手动操作套筒，进给到不通孔有效深度。

设置深度限位器是一个很好的方法，对于加工通孔也是一样的。该方法可以避免钻削到工件夹持装置或者工作台，也可避免损坏钻夹头、钻头套筒或主轴表面。在通孔的手动进给操作中，将穿透工件时要减小进给的压力，避免损坏钻头。

6.3.8 铰孔

当钻削不能满足孔直径和表面精度的要求时，可采取铰削的操作。铰削是略微

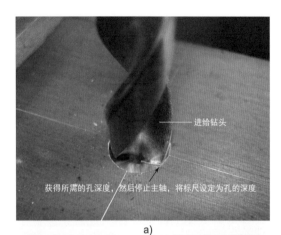

进给钻头

获得所需的孔深度，然后停止主轴，将标尺设定为孔的深度

a)

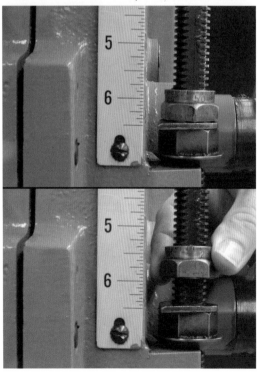

b)

图 6-68 a）要在钻床上加工某深度的孔，使套筒抵住深度限位器 b）调节深度限位器，设定需加工的孔深度

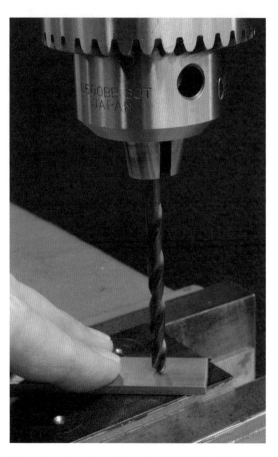

图 6-69 另一种方法是套筒抵住深度限位器，使钻尖触及已知厚度的垫片，调节深度限位器，设定值为孔有效深度、钻尖长度与垫片厚度的总和

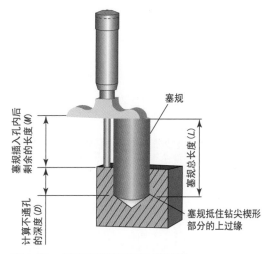

塞规

塞规插入孔内后剩余的长度（*M*）

塞规总长度（*L*）

计算不通孔的深度（*D*）

塞规抵住钻尖楔形部分的上过缘

图 6-70　用塞规测量不通孔的深度

扩大已有的孔，加工的表面精度很高，所以在进行铰削之前，需要先使用标准麻花钻进行加工。原始孔钻削加工的尺寸应小于最终尺寸，标准如下。

孔直径小于 1/4in，应小于最终尺寸 0.010in。

孔直径在 1/4~1/2in，应小于最终尺寸 0.015in。

孔直径在 1/2~1½in，应小于最终尺寸 0.025in。

当孔内只有少量材料影响精度时，只需用铰刀摩擦孔壁，而不需要进行切削。

注　意

孔内待去除的材料过多，会磨损铰刀或使之折断，并且产生锋利的碎片，造成人员伤害。

完成钻削加工后，最好不要移动工件，仍然在原来的位置进行铰削加工，确保加工精度。只要把需要使用的铰刀安装在钻床上，然后计算并设置主轴转速。如果在切削速度的参考表内找不到铰削所需的速度值，那么可使用同种材料钻削加工时切削速度的 50%~60%。铰削时，相同材料的

进给速度应是相同尺寸钻头的两倍。那么，使用带有机动进给装置的机床时，也要设置相应的进给速度。

向铰刀内添加充足的切削液，然后起动主轴。如果手动进给铰刀，要保持平稳的进给速度，以提高表面精度。铰刀的进给速度大小要始终不变，不要过快或过慢。通常情况下不需要类似啄钻的操作，但是如果铰削深度大于螺旋槽长度时，需要采取类似啄钻的操作。类似啄钻的操作深度要等于螺旋槽的长度，防止碎屑的堆积或划伤孔壁。

铰削的不通孔深度与钻削不通孔深度的测量方式相同。在铰削不通孔时，注意要将铰刀底端磨平，防止铰刀完全进入钻孔当中。钻削的孔要略深于铰刀长度，可避免铰刀将钻孔穿透（见图 6-71）。

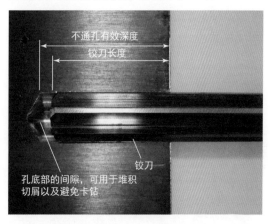

不通孔有效深度

铰刀长度

铰刀

孔底部的间隙，可用于堆积切屑以及避免卡钻

图 6-71　铰刀与钻孔底部应当留有间隙，避免铰刀将孔穿透

注　意

将铰刀强制推进钻孔底部会造成铰刀的断裂。

6.3.9　扩孔和埋头孔

使用扩孔钻、埋头孔钻以及钻床深度限位器进行孔加工的方式与钻削、铰削的方式相同。扩孔钻的切削刃有一个导向部分，用于对准现有工件的直径。选

用的导向部分直径一定要小于孔直径 0.003~0.005in，以免卡钻。与铰削的切削速度相似，扩孔钻和埋头钻的切削速度应当是相同材料钻削加工切削速度的 50%~60%。扩孔钻的进给量要略小于钻削的进给量，最好是相同尺寸钻头进给量的 1/2。

注　意

如果导向部分直径过大，刀具可能会卡住、断裂或造成碎屑的迸溅，引起误伤。

通常在完成钻削后立即使用扩孔钻或埋头钻加工，所以不需要移动工件。将刀具安装在主轴上，尽量将直柄刀具的柄部插到钻夹头底部。调整工件位置，使导向部分对准内孔，松紧度适中，然后夹紧工件（见图 6-72）。

图 6-72　使用扩孔钻的导向部分检查是否与孔对齐，当导向部分对准内孔，松紧度适中时，夹紧工件

操控进给手柄，使扩孔钻的切削刃进入工件表面 1/32in 范围，设定深度限位器，然后起动主轴。微调深度限位器 0.001~0.003in，调节完毕后将扩孔钻与深度限位器对齐。当刀具触及工件表面时，产生的点即为参照点。再调节深度限位器到所需的扩孔钻或埋头钻的深度。添加切削液，进给套筒到所需的深度。图 6-73 所示为该深度设置的方法。如果深度精度

要求高，深度限位器的设定值略小于所需加工的深度，进给完成后先测量孔深，再进行微调，达到最终所需深度。使用扩孔钻或埋头钻时，会产生与钻削时相同的切屑。

a)

b)

图 6-73　a）微调深度限位器，使扩孔钻触及工件表面　b）再调节深度限位器到所需加工的深度

注　意

要经常退回钻头排屑，以免切屑过长造成危险。

6.3.10　倒角与锪孔

锪钻用于锪孔或倒角操作。锪孔的切

削速度大概是钻削速度的 25%。锪钻应该设置较小的进给量，就像扩孔钻或埋头钻一样，因为刀具与工件表面的接触面积很大。

锪钻的进给量取决于钻尖角、孔的尺寸和所需锪孔或倒角的直径。当使用钻尖角 90° 的锪钻时，可根据以下公式计算进给量。

$$进给量\ F = \frac{D-d}{2}$$

式中　D——所需锪孔或倒角的直径；

　　　d——已有孔的直径。

图 6-74 所示为不同钻尖角对应的公式。

锪钻钻尖角	进给量 F 公式
60°	$F = \left(\dfrac{D-d}{2}\right) \times 1.732$
82°	$F = \left(\dfrac{D-d}{2}\right) \times 1.15$
90°	$F = \left(\dfrac{D-d}{2}\right)$
100°	$F = \left(\dfrac{D-d}{2}\right) \times 0.839$

图 6-74　不同钻尖角对应的公式

由于锪钻自动置于孔的中心，因此工件或虎钳通常只需要自然放置在钻床上，不需夹紧。夹在工作台上的限位块可以防止工件或虎钳旋转。刀具安装在主轴上之后，可以设定深度参考值，并将该值设置为进给深度。深度限位器设置为进给到孔边缘内 1/32in。起动主轴，使锪钻触及孔的边缘。然后调节深度限位器，获得所需加工深度。图 6-75 所示为锪孔操作以及防止虎钳旋转的限位块的位置。

防止虎钳旋转的限位块

图 6-75　锪孔操作以及防止虎钳旋转的限位块的位置

6.3.11　攻螺纹

钻床也可用于丝锥与孔的对齐找正操作，在手动攻螺纹时就不再需要使用直角尺了。在攻螺纹操作之前，如果工件经过钻削而发生位置的改变，那么就可以用主轴上安装的顶尖重新与孔对齐找正，如图 6-76 所示。攻螺纹之前，要夹紧工作台上的工件或虎钳，以免位置偏离。

顶尖要插入丝锥顶部的孔内或丝锥扳手的后部。将丝锥放于孔的上面，降低套筒，使顶尖进入丝锥顶部的孔内。有些丝锥的顶尖具有弹性，需要在旋进孔内时略施压力。使用这类丝锥时，先将顶尖插入丝锥或丝锥扳手中，然后降低套筒，直到产生弹性压力，再将套筒固定（见图 6-77）。如果使用 T 形丝锥扳手，一只手轻压套筒，对准丝锥与孔，另一只手转动丝锥，如图 6-78 所示。攻螺纹加工时，一次旋转一圈，再倒转半圈，使切屑碎断后容易排出，并可减少丝锥因黏屑而卡住的现象。

图 6-76　将钻床主轴的顶尖插入工件的孔内，可使孔与丝锥对齐，虎钳到合适位置后夹紧在工作台上。

图 6-77　弹性丝锥用于对齐操作，使用时要略施压力

注　意

不建议使用钻床主轴的钻夹头驱动丝锥，这可能会引起丝锥的碎裂。

图 6-78　T 形丝锥扳手用于丝锥与工件的对齐，一手轻压套筒起动丝锥，另一手转动铰杠

有时会规定螺纹孔的最小螺纹深度，估算丝锥的螺纹圈数可得到大概的深度值。螺纹深度与钻削深度相似，但必须是完整、有效的螺纹圈数，而不是丝锥的进给深度。螺纹圈数的计算可以用所需加工深度乘以每英寸螺纹圈数（TPI）即可得出。例如：一个 3/8-16 的螺纹，深度是 5/8in，那么由 5/8×16 即可得出螺纹的圈数约为 10 圈。由于丝锥的倒角不同，所以这个公式计算得出的并不是一个精确的值。加工完螺纹，卸下丝锥，清理内孔，将一颗螺钉旋进孔的底部，便可以测量深度。测量工件表面与螺钉顶部之间的距离，用螺钉的总长减去这个距离，即得出工件内部螺纹的深度（见图 6-79）。如果螺纹的深度不够，用所缺深度乘以 TPI 即可得出缺少的螺纹圈数。例如：3/8-16 的螺纹只有 1/2in 深，而不是 5/8in 深，那么缺少的螺纹深度是 1/8in，根据 1/8×16=2，得出还需要 2 圈螺纹才能够达到最小深度 5/8in。

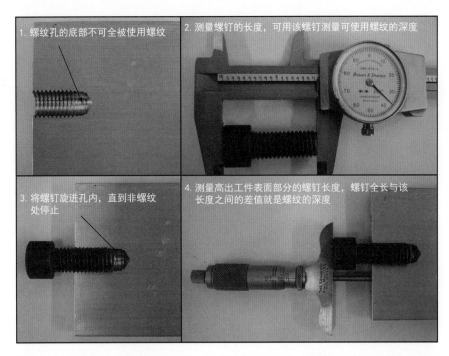

1. 螺纹孔的底部不可全被使用螺纹

2. 测量螺钉的长度，可用该螺钉测量可使用螺纹的深度

3. 将螺钉旋进孔内，直到非螺纹处停止

4. 测量高出工件表面部分的螺钉长度，螺钉全长与该长度之间的差值就是螺纹的深度

图 6-79 利用螺钉测量螺纹的深度，螺钉旋进孔的底部，用螺钉总长减去高出工件表面部分的长度

当需要用钻床攻多个孔时，手动操作丝锥就会很慢。攻螺纹器是钻床主轴上用以驱动丝锥的装置。攻螺纹器上有一个可调节夹钳，用于限制力矩，防止丝锥折断。它还有一个倒转丝锥的装置，当套筒抬高后，倒转丝锥，与孔脱离。图 6-80 所示为攻螺纹头。

图 6-80 攻螺纹器用于机动旋转和倒转丝锥